AF454721

ÉTUDES

SUR

L'HYGROMÉTRIE.

ÉTUDES

SUR

L'HYGROMÉTRIE,

PAR M. V. REGNAULT,

Ingénieur des Mines, Membre de l'Académie des Sciences.

PARIS,

BACHELIER, IMPRIMEUR-LIBRAIRE

DE L'ÉCOLE POLYTECHNIQUE, DU BUREAU DES LONGITUDES, ETC.,

Quai des Augustins, n° 55.

1845

ÉTUDES SUR L'HYGROMÉTRIE.

Le problème général de l'hygrométrie consiste à déterminer la quantité de vapeur d'eau qui se trouve, à un instant quelconque, dans un volume donné d'air, et le rapport qui existe entre cette quantité et celle que l'air renfermerait s'il en contenait la plus grande quantité possible, c'est-à-dire s'il était à l'état de saturation. Les méthodes qui ont été proposées par les physiciens pour atteindre ce but, sont de deux espèces.

Les premières sont des méthodes purement chimiques; elles consistent à absorber, au moyen de substances très-avides d'eau, la vapeur renfermée dans un volume connu d'air, et à en déterminer le poids avec la balance. Les autres sont fondées sur l'observation de certains phénomènes physiques, tels que les allongements plus ou moins grands que subissent des substances d'origine organique dans un air plus ou moins rapproché de l'état de saturation, ou sur la détermination de la température à laquelle il faudrait abaisser l'air, pour que celui-ci se trouvât saturé par la quantité d'humidité qu'il renferme.

Toutes ces méthodes supposent la connaissance exacte de certaines lois physiques et de plusieurs données numériques. Ce sont :

1°. Une Table exacte des forces élastiques de la vapeur aqueuse *dans l'air à saturation* pour toutes les températures atmosphériques ;

2°. La densité de la vapeur aqueuse par rapport à l'air pris dans les mêmes circonstances, lorsque la vapeur est *à saturation dans l'air* ;

3°. La densité de cette même vapeur lorsqu'elle est dans l'air sous une fraction plus ou moins grande de saturation.

R.   I

Le Mémoire que je publie aujourd'hui renferme les résultats d'expériences nombreuses que j'ai faites depuis plusieurs années sur cette partie de la physique générale qui, malgré les efforts de plusieurs physiciens distingués, présente encore bien des incertitudes. Je diviserai ce travail en deux parties : dans la première, je m'occuperai des données fondamentales que je viens d'énumérer; la seconde partie sera consacrée à l'étude des procédés hygrométriques.

PREMIÈRE PARTIE.

Des forces élastiques de la vapeur aqueuse dans l'air.

Les forces élastiques maxima de la vapeur aqueuse dans le vide ont été déterminées par un grand nombre d'expérimentateurs; mais les résultats de leurs expériences diffèrent beaucoup trop les uns des autres pour que l'on puisse regarder la loi de la force élastique de la vapeur d'eau dans le vide comme fixée avec toute certitude. J'ai fait moi-même, dernièrement, un grand nombre d'expériences sur ce sujet; ces expériences ont été faites par des méthodes variées, et, je crois, avec tous les moyens de précision que la science nous présente en ce moment. Comme les résultats qui ont été obtenus par ces différentes méthodes ont toujours été les mêmes, je me crois en droit de regarder la Table qui a été calculée sur ces expériences comme devant être préférée à toutes celles qui ont été publiées antérieurement, et je l'adopterai exclusivement, dans ce qui va suivre, pour le calcul des forces élastiques maxima de la vapeur d'eau dans le vide.

Dans les observations hygrométriques, on a besoin de connaître la force élastique de la vapeur aqueuse, non pas dans le vide, mais dans l'air sous la pression de l'atmosphère. Les physiciens admettent que ces forces élastiques sont absolument les mêmes que celles qui existent dans le vide. J'ai vainement cherché dans les annales de la science les expériences par lesquelles cette identité a été établie, et je ne pense pas qu'au moyen des appareils qui sont décrits dans les Traités élémentaires de physique on puisse obtenir des expériences suffisamment précises pour ne laisser aucun doute sur ce sujet.

Il m'a paru nécessaire de faire de nouvelles expériences pour décider cette question délicate, en employant des appareils tout à fait semblables à ceux qui m'ont servi pour déterminer les tensions de la vapeur d'eau dans le vide, afin que les résultats des deux séries d'expériences fussent plus rigoureusement comparables.

Les tensions de la vapeur d'eau à saturation dans l'air peuvent être déterminées au moyen de l'appareil décrit dans mon Mémoire *sur la force élastique de la vapeur aqueuse* (*Annales de Chimie et de Physique*, 3e série, tome XI, pages 286 et suivantes). On remplace seulement l'appareil des deux baromètres par un système de deux tubes communiquants, disposés comme dans la *fig.* 8, *Pl. III*, tome XI, et l'on a soin, dans chaque expérience, de ramener le niveau du mercure à un même trait de repère, tracé sur le tube pq, afin que le volume de l'air reste toujours le même, et que sa force élastique seule varie.

On a placé préalablement dans le ballon une petite ampoule remplie d'eau, et fermée à la lampe. On dessèche parfaitement le ballon et on le remplit finalement d'air sec sous la pression de l'atmosphère, pendant que le ballon est enveloppé de glace fondante. Le mercure est amené exactement au trait de repère sur le tube pq pendant que le ballon communique encore librement avec l'air ; on ferme ensuite à la lampe le tube lf, *fig.* 1. On enlève la glace qui entoure le ballon, et l'on remplit le vase VV' d'eau, que l'on porte successivement à des températures de plus en plus élevées. À chaque observation, on amène le mercure au point de repère sur le tube pq, on maintient l'eau du vase à une température stationnaire, comme il a été dit dans le Mémoire cité, page 281; on détermine la différence de hauteur des deux colonnes de mercure, et l'on observe le baromètre. L'appareil fonctionne ainsi comme thermomètre à air, et l'on s'assure que ses indications correspondent exactement à celles du thermomètre à mercure plongé dans la même eau.

On enlève ensuite l'eau du vase, on détermine la rupture de l'ampoule en approchant quelques charbons du fond du ballon; on remet l'eau dans le vase, et l'on recommence sur l'air saturé d'humidité la même série d'observations qui a été faite précédemment sur l'air sec. La différence des forces élastiques trouvées dans les deux cas, et correspondant à la même température, est évidemment égale à la tension de la vapeur aqueuse à saturation dans l'air, pour cette même température.

La tension de la vapeur aqueuse dans l'air ne se laisse pas déterminer avec la même précision que dans le vide; elle exige un plus grand nombre de mesures, et l'erreur commise sur la dilatation de l'air s'ajoute à celle qui a lieu sur la force élastique. D'ailleurs la tension maximum de la vapeur s'établit instantanément dans le vide, tandis qu'elle demande un temps assez long pour s'établir dans l'air. Il est nécessaire de s'assurer, par des observations répétées à des intervalles éloignés, et pour une même température stationnaire, si la tension ne continue plus à croître.

Pour plus de sécurité, on faisait une première série d'expériences, en élevant successivement la température de l'eau du vase, de sorte que l'air avait à dissoudre une nouvelle quantité de vapeur; puis on faisait une seconde série dans laquelle, au contraire, on abaissait graduellement la température de l'eau; l'air laissait alors précipiter une portion de l'eau qu'il avait précédemment dissoute. Les forces élastiques de la vapeur aux mêmes températures devaient être trouvées identiques dans ces deux séries.

Les tableaux suivants renferment les résultats qui ont été obtenus par cette méthode. Le poids de l'eau qui remplissait les ampoules était de $1^{gr},5$ environ. Cette eau était de l'eau distillée non bouillie; par conséquent, elle renfermait la quantité d'air qu'elle peut dissoudre à la température ordinaire.

La deuxième colonne du tableau renferme les tensions observées dans l'air; la troisième renferme les forces élastiques de la vapeur d'eau dans le vide, calculées pour les mêmes températures, au moyen de la Table (*Annales de Chimie et de Physique*, 3e série, tome XI, page 334).

TABLEAU N° 1. — *Tensions de la vapeur d'eau dans l'air.*

TEMPÉRATURES.	TENSIONS de la vapeur observées dans l'air.	TENSIONS calculées avec la formule.	DIFFÉRENCES.
o	mm	mm	mm
0,00	4,47	4,60	— 0,13
12,48	10,08	10,77	— 0,69
12,59	10,31	10,85	— 0,54
14,57	11,83	12,36	— 0,53
14,60	11,91	12,39	— 0,48
15,00	12,38	12,70	— 0,32
15,05	12,46	12,74	— 0,28
18,24	15,32	15,59	— 0,27
18,23	15,48	15,58	— 0,10
21,07	18,28	18,58	— 0,30
21,00	18,27	18,49	— 0,22
23,15	20,74	21,08	— 0,34
23,10	20,77	21,02	— 0,25
24,69	22,70	23,13	— 0,43
24,69	22,73	23,13	— 0,40
27,88	27,59	27,91	— 0,32
27,91	27,65	27,96	— 0,31
31,00	32,97	33,41	— 0,44
31,00	33,16	33,41	— 0,25
34,25	39,98	40,13	— 0,15
18,26	15,06	15,61	— 0,55
18,22	15,04	15,57	— 0,53
22,12	19,07	19,81	— 0,74
22,15	19,15	19,84	— 0,69
25,72	24,14	24,59	— 0,45
25,74	24,05	24,62	— 0,57
29,28	29,66	30,28	— 0,62
29,32	29,79	30,35	— 0,56
32,80	36,45	37,00	— 0,55
32,78	36,39	36,96	— 0,57
35,97	43,39	44,13	— 0,74
35,95	43,48	44,08	— 0,60
37,96	48,70	49,20	— 0,50
38,00	48,70	49,30	— 0,60

TABLEAU N° II. — *Tensions de la vapeur aqueuse dans l'azote.*

TEMPÉRATURES.	FORCE ÉLASTIQUE de la vapeur observée dans l'azote.	FORCE ÉLASTIQUE de la vapeur calculée par la formule.	DIFFÉRENCES.
o	mm	mm	mm
0,00	4,31	4,60	— 0,29
0,00	4,43	4,60	— 0,17
0,00	4,44	4,60	— 0,16
16,49	13,29	13,96	— 0,67
16,50	13,36	13,98	— 0,62
15,71	12,64	13,29	— 0,65
15,75	12,72	13,33	— 0,61
12,87	10,26	11,07	— 0,81
12,89	10,35	11,08	— 0,73
10,90	9,14	9,73	— 0,59
10,99	9,19	9,78	— 0,59
8,56	7,67	8,33	— 0,66
8,59	7,74	8,34	— 0,60
7,54	7,06	7,77	— 0,71
7,59	7,17	7,79	— 0,62
5,27	5,99	6,66	— 0,67
5,27	5,96	6,66	— 0,70
13,12	10,58	11,25	— 0,67
13,16	10,67	11,30	— 0,63
17,19	14,07	14,60	— 0,53
17,19	14,07	14,60	— 0,53
21,46	18,65	19,03	— 0,38
21,46	18,61	19,03	— 0,42
25,50	23,71	24,27	— 0,56
25,52	23,71	24,31	— 0,60
28,92	28,96	29,65	— 0,69
28,90	28,81	29,61	— 0,80
32,50	35,92	36,38	— 0,46
32,53	36,01	36,45	— 0,44

TABLEAU N° III. — *Tensions de la vapeur aqueuse dans le gaz azote.*

TEMPÉRATURES.	TENSIONS de la vapeur observées dans le gaz azote.	TENSIONS de la vapeur calculées par la formule.	DIFFÉRENCES.
o	mm	mm	mm
18,91	15,97	16,26	— 0,29
18,95	16,03	16,30	— 0,27
15,90	12,69	13,45	— 0,76
15,92	12,75	13.47	— 0,72
20,00	16,78	17,39	— 0,61
19,98	16,72	17,37	— 0,65
21,80	18,71	19,43	— 0,72
21,79	18,72	19,42	— 0,70
23,88	21,34	22,03	— 0,69
23,90	21,33	22,06	— 0,73
25,44	23,41	24,18	— 0,77
25,44	23,47	24,18	— 0,71
26,96	25,63	26,44	— 0,81
26,97	25,76	26,44	— 0,68
29,56	30,15	30,77	— 0,62
29,58	30,16	30,81	— 0,65
31,88	34,51	35,16	— 0,65
31,90	34,53	35,21	— 0,68
34,30	39,58	40,24	— 0,66
34,32	39,54	40,28	— 0,74
37,75	47,67	48,65	— 0,98
37,77	47,73	48,70	— 0,97
37,74	47,80	48,63	— 0,83
39,81	53,63	54,36	— 0,73
39,81	53,70	54,36	— 0,66
39,81	53,72	54,36	— 0,64
31,00	32,68	33,41	— 0,73
30,99	32,66	33,39	— 0,73

La première série d'expériences a été faite dans l'air ; on voit par le tableau I que les tensions de la vapeur d'eau dans l'air se trouvent constamment plus faibles que celles qui ont été obtenues dans le vide.

J'ai craint que cette circonstance ne fût produite par l'absorption d'une petite portion de l'oxygène de l'air par le mercure, l'expérience m'ayant démontré que, dans l'air humide et un peu chaud, le mercure s'oxyde rapidement à sa surface. Pour éviter cette cause présumée d'erreur, j'ai fait deux autres séries d'expériences en remplissant le ballon de gaz azote ; mais les résultats ont encore été les mêmes, comme on peut en juger par les tableaux II et III.

Il semblerait résulter de là que la tension de la vapeur d'eau dans l'air est un peu plus faible que celle qui existe pour la même température dans le vide ; mais la différence est très-petite, et on peut craindre qu'elle ne soit produite par une erreur constante dans le procédé. Mes efforts pour déterminer la cause d'une erreur de cette nature ont été sans résultat.

Je me propose de déterminer avec le plus grand soin les forces élastiques de la vapeur d'éther dans le vide et dans l'air. Comme ces forces élastiques sont beaucoup plus considérables aux températures de l'atmosphère que celles de la vapeur d'eau, on peut espérer de parvenir plus facilement à reconnaître si les tensions sont identiques ou différentes dans les deux cas.

En attendant, nous admettrons, dans les calculs que nous aurons à faire des fractions de saturation de l'air, les forces élastiques inscrites dans la Table que j'ai plusieurs fois citée et qui donne les tensions dans le vide. Il sera toujours facile de faire plus tard la correction convenable, si l'on constate que ces tensions sont réellement un peu plus fortes que celles qui existent dans l'air.

Pour faciliter ces calculs, je donne ici une Table des forces élastiques de la vapeur d'eau pour chaque dixième de degré de température depuis — 10 jusqu'à + 35 degrés.

Table des forces élastiques de la vapeur d'eau de —10 à +35 degrés.

Degrés.	Tension.	Différ.
o	mm	mm
−10,0	2,078	
9,9	2,096	0,018
9,8	2,114	0,018
9,7	2,132	0,018
9,6	2,150	0,018
9,5	2,168	0,018
9,4	2,186	0,018
9,3	2,204	0,018
9,2	2,223	0,019
9,1	2,242	0,019
9,0	2,261	0,019
		0,019
8,9	2,280	0,019
8,8	2,299	0,019
8,7	2,318	0,019
8,6	2,337	0,019
8,5	2,356	0,019
8,4	2,376	0,020
8,3	2,396	0,020
8,2	2,416	0,020
8,1	2,436	0,020
8,0	2,456	0,020
		0,021
7,9	2,477	0,021
7,8	2,498	0,021
7,7	2,519	0,021
7,6	2,540	0,021
7,5	2,561	0,021
7,4	2,582	0,021
7,3	2,603	0,021
7,2	2,624	0,021
7,1	2,645	0,021
7,0	2,666	0,021
		0,022
6,9	2,688	0,022
6,8	2,710	0,022
6,7	2,732	0,022
6,6	2,754	0,022
6,5	2,776	0,022
6,4	2,798	0,022
6,3	2,821	0,023
6,2	2,844	0,023
6,1	2,867	0,023
6,0	2,890	0,023
		0,024
5,9	2,914	0,024
5,8	2,938	0,024
5,7	2,962	0,024
5,6	2,986	0,024
5,5	3,010	0,024
5,4	3,034	0,024
5,3	3,058	0,024
5,2	3,082	0,024
5,1	3,106	0,024
5,0	3,131	0,025

Degrés.	Tension.	Différ.
o	mm	mm
−4,9	3,156	
4,8	3,181	0,025
4,7	3,206	0,025
4,6	3,231	0,025
4,5	3,257	0,026
4,4	3,283	0,026
4,3	3,309	0,026
4,2	3,335	0,026
4,1	3,361	0,026
4,0	3,387	0,026
		0,027
3,9	3,414	0,027
3,8	3,441	0,027
3,7	3,468	0,027
3,6	3,495	0,027
3,5	3,522	0,027
3,4	3,550	0,028
3,3	3,578	0,028
3,2	3,606	0,028
3,1	3,634	0,028
3,0	3,662	0,028
		0,029
2,9	3,691	0,029
2,8	3,720	0,029
2,7	3,749	0,029
2,6	3,778	0,029
2,5	3,807	0,029
2,4	3,836	0,029
2,3	3,865	0,029
2,2	3,895	0,030
2,1	3,925	0,030
2,0	3,955	0,030
		0,030
1,9	3,985	0,031
1,8	4,016	0,031
1,7	4,047	0,031
1,6	4,078	0,031
1,5	4,109	0,031
1,4	4,140	0,031
1,3	4,171	0,032
1,2	4,203	0,032
1,1	4,235	0,032
1,0	4,267	0,032
		0,032
0,9	4,299	0,032
0,8	4,331	0,033
0,7	4,364	0,033
0,6	4,397	0,033
0,5	4,430	0,033
0,4	4,463	0,034
0,3	4,497	0,034
0,2	4,531	0,034
0,1	4,565	0,034
0,0	4,600	0,035

Degrés.	Tension.	Différ.
o	mm	mm
0,0	4,600	0,033
+0,1	4,633	0,033
0,2	4,667	0,033
0,3	4,700	0,033
0,4	4,733	0,033
0,5	4,767	0,034
0,6	4,801	0,034
0,7	4,836	0,034
0,8	4,871	0,034
0,9	4,905	0,034
		0,034
1,0	4,940	0,035
1,1	4,975	0,035
1,2	5,011	0,035
1,3	5,047	0,035
1,4	5,082	0,035
1,5	5,118	0,037
1,6	5,155	0,037
1,7	5,191	0,037
1,8	5,228	0,037
1,9	5,265	0,037
		0,037
2,0	5,302	0,038
2,1	5,340	0,038
2,2	5,378	0,038
2,3	5,416	0,038
2,4	5,454	0,038
2,5	5,491	0,039
2,6	5,530	0,039
2,7	5,569	0,039
2,8	5,608	0,039
2,9	5,647	0,039
		0,039
3,0	5,687	0,040
3,1	5,727	0,040
3,2	5,767	0,040
3,3	5,807	0,040
3,4	5,848	0,040
3,5	5,889	0,041
3,6	5,930	0,041
3,7	5,972	0,041
3,8	6,014	0,041
3,9	6,055	0,041
		0,041
4,0	6,097	0,043
4,1	6,140	0,043
4,2	6,183	0,043
4,3	6,226	0,043
4,4	6,270	0,043
4,5	6,313	0,043
4,6	6,357	0,044
4,7	6,401	0,044
4,8	6,445	0,044
4,9	6,490	0,044

Suite de la *Table des forces élast. de la vapeur d'eau de* —10 à +35°.

Degrés. (°)	Tension. (mm)	Différ. (mm)	Degrés. (°)	Tension. (mm)	Différ. (mm)	Degrés. (°)	Tension. (mm)	Différ. (mm)
+5,0	6,534		+10,0	9,165		+15,0	12,699	
5,1	6,580	0,046	10,1	9,227	0,062	15,1	12,781	0,082
5,2	6,625	0,046	10,2	9,288	0,062	15,2	12,864	0,082
5,3	6,671	0,046	10,3	9,350	0,062	15,3	12,947	0,082
5,4	6,717	0,046	10,4	9,412	0,062	15,4	13,029	0,082
5,5	6,763	0,046	10,5	9,474	0,062	15,5	13,112	0,082
5,6	6,810	0,047	10,6	9,537	0,063	15,6	13,197	0,085
5,7	6,857	0,047	10,7	9,601	0,063	15,7	13,281	0,085
5,8	6,904	0,047	10,8	9,665	0,063	15,8	13,366	0,085
5,9	6,951	0,047	10,9	9,728	0,063	15,9	13,451	0,085
6,0	6,998	0,047	11,0	9,792	0,063	16,0	13,536	0,085
6,1	7,047	0,049	11,1	9,857	0,065	16,1	13,623	0,087
6,2	7,095	0,049	11,2	9,923	0,065	16,2	13,710	0,087
6,3	7,144	0,049	11,3	9,989	0,065	16,3	13,797	0,087
6,4	7,193	0,049	11,4	10,054	0,065	16,4	13,885	0,087
6,5	7,242	0,049	11,5	10,120	0,065	16,5	13,972	0,087
6,6	7,292	0,050	11,6	10,187	0,067	16,6	14,062	0,090
6,7	7,342	0,050	11,7	10,255	0,067	16,7	14,151	0,090
6,8	7,392	0,050	11,8	10,322	0,067	16,8	14,241	0,090
6,9	7,442	0,050	11,9	10,389	0,067	16,9	14,331	0,090
7,0	7,492	0,050	12,0	10,457	0,067	17,0	14,421	0,090
7,1	7,544	0,052	12,1	10,526	0,069	17,1	14,513	0,092
7,2	7,595	0,052	12,2	10,596	0,069	17,2	14,605	0,092
7,3	7,647	0,052	12,3	10,665	0,069	17,3	14,697	0,092
7,4	7,699	0,052	12,4	10,734	0,069	17,4	14,790	0,092
7,5	7,751	0,052	12,5	10,804	0,069	17,5	14,882	0,092
7,6	7,804	0,053	12,6	10,875	0,071	17,6	14,977	0,095
7,7	7,857	0,053	12,7	10,947	0,071	17,7	15,072	0,095
7,8	7,910	0,053	12,8	11,019	0,071	17,8	15,167	0,095
7,9	7,964	0,053	12,9	11,090	0,071	17,9	15,262	0,095
8,0	8,017	0,053	13,0	11,162	0,071	18,0	15,357	0,095
8,1	8,072	0,055	13,1	11,235	0,073	18,1	15,454	0,097
8,2	8,126	0,055	13,2	11,309	0,073	18,2	15,552	0,097
8,3	8,181	0,055	13,3	11,383	0,073	18,3	15,650	0,097
8,4	8,236	0,055	13,4	11,456	0,073	18,4	15,747	0,097
8,5	8,291	0,055	13,5	11,530	0,073	18,5	15,845	0,097
8,6	8,347	0,056	13,6	11,605	0,075	18,6	15,945	0,100
8,7	8,404	0,056	13,7	11,681	0,075	18,7	16,045	0,100
8,8	8,461	0,056	13,8	11,757	0,075	18,8	16,145	0,100
8,9	8,517	0,056	13,9	11,832	0,075	18,9	16,246	0,100
9,0	8,574	0,056	14,0	11,908	0,075	19,0	16,346	0,100
9,1	8,632	0,058	14,1	11,986	0,078	19,1	16,449	0,103
9,2	8,690	0,058	14,2	12,064	0,078	19,2	16,552	0,103
9,3	8,748	0,058	14,3	12,142	0,078	19,3	16,655	0,103
9,4	8,807	0,058	14,4	12,220	0,078	19,4	16,758	0,103
9,5	8,865	0,058	14,5	12,298	0,078	19,5	16,861	0,103
9,6	8,925	0,060	14,6	12,378	0,080	19,6	16,967	0,106
9,7	8,985	0,060	14,7	12,458	0,080	19,7	17,073	0,106
9,8	9,045	0,060	14,8	12,538	0,080	19,8	17,179	0,106
9,9	9,105	0,060	14,9	12,619	0,080	19,9	17,285	0,106

Fin de la *Table des forces élast. de la vapeur d'eau de* — 10 *à* + 35°.

Degrés.	Tension.	Différ.
o	mm	mm
+20,0	17,391	
20,1	17,500	0,109
20,2	17,608	0,109
20,3	17,717	0,109
20,4	17,826	0,109
20,5	17,935	0,109
20,6	18,047	0,112
20,7	18,159	0,112
20,8	18,271	0,112
20,9	18,383	0,112
		0,112
21,0	18,495	
21,1	18,610	0,115
21,2	18,724	0,115
21,3	18,839	0,115
21,4	18,954	0,115
21,5	19,069	0,115
21,6	19,187	0,118
21,7	19,305	0,118
21,8	19,423	0,118
21,9	19,541	0,118
		0,118
22,0	19,659	
22,1	19,780	0,121
22,2	19,901	0,121
22,3	20,022	0,121
22,4	20,143	0,121
22,5	20,265	0,121
22,6	20,389	0,125
22,7	20,514	0,125
22,8	20,639	0,125
22,9	20,763	0,125
		0,125
23,0	20,888	
23,1	21,016	0,128
23,2	21,144	0,128
23,3	21,272	0,128
23,4	21,400	0,128
23,5	21,528	0,128
23,6	21,659	0,131
23,7	21,790	0,131
23,8	21,921	0,131
23,9	22,053	0,131
		0,131
24,0	22,184	
24,1	22,319	0,135
24,2	22,453	0,135
24,3	22,588	0,135
24,4	22,723	0,135
24,5	22,858	0,135
24,6	22,996	0,138
24,7	23,135	0,138
24,8	23,273	0,138
24,9	23,411	0,138

Degrés.	Tension.	Différ.
o	mm	mm
+25,0	23,550	
25,1	23,692	0,142
25,2	23,834	0,142
25,3	23,976	0,142
25,4	24,119	0,142
25,5	24,261	0,142
25,6	24,406	0,145
25,7	24,552	0,145
25,8	24,697	0,145
25,9	24,842	0,145
		0,145
26,0	24,988	
26,1	25,138	0,150
26,2	25,288	0,150
26,3	25,438	0,150
26,4	25,588	0,150
26,5	25,738	0,150
26,6	25,891	0,153
26,7	26,045	0,153
26,8	26,198	0,153
26,9	26,351	0,153
		0,153
27,0	26,505	
27,1	26,663	0,158
27,2	26,820	0,158
27,3	26,978	0,158
27,4	27,136	0,158
27,5	27,294	0,158
27,6	27,455	0,161
27,7	27,617	0,161
27,8	27,778	0,161
27,9	27,939	0,161
		0,161
28,0	28,101	
28,1	28,267	0,166
28,2	28,433	0,166
28,3	28,599	0,166
28,4	28,765	0,166
28,5	28,931	0,166
28,6	29,101	0,170
28,7	29,271	0,170
28,8	29,441	0,170
28,9	29,612	0,170
		0,170
29,0	29,782	
29,1	29,956	0,174
29,2	30,131	0,174
29,3	30,305	0,174
29,4	30,479	0,174
29,5	30,654	0,174
29,6	30,833	0,179
29,7	31,011	0,179
29,8	31,190	0,179
29,9	31,369	0,179
		0,179
30,0	31,548	

Degrés.	Tensions.	Différ.
o	mm	mm
+30,0	31,548	
30,1	31,729	0,181
30,2	31,911	0,182
30,3	32,094	0,183
30,4	32,278	0,184
30,5	32,463	0,185
30,6	32,650	0,187
30,7	32,837	0,187
30,8	33,026	0,189
30,9	33,215	0,189
		0,189
31,0	33,405	
31,1	33,596	0,190
31,2	33,787	0,191
31,3	33,980	0,191
31,4	34,174	0,193
31,5	34,368	0,194
31,6	34,564	0,194
31,7	34,761	0,196
31,8	34,959	0,197
31,9	35,159	0,198
		0,200
32,0	35,359	
32,1	35,559	0,200
32,2	35,760	0,200
32,3	35,962	0,201
32,4	36,165	0,202
32,5	36,370	0,203
32,6	36,576	0,205
32,7	36,783	0,206
32,8	36,991	0,207
32,9	37,200	0,208
		0,209
33,0	37,410	
33,1	37,621	0,211
33,2	37,832	0,211
33,3	38,045	0,213
33,4	38,258	0,213
33,5	38,473	0,215
33,6	38,689	0,216
33,7	38,906	0,217
33,8	39,124	0,218
33,9	39,344	0,220
		0,221
34,0	39,565	
34,1	39,786	0,221
34,2	40,007	0,221
34,3	40,230	0,223
34,4	40,455	0,225
34,5	40,680	0,225
34,6	40,907	0,227
34,7	41,135	0,228
34,8	41,364	0,229
34,9	41,595	0,231
35,0	41,827	0,232

De la densité de la vapeur d'eau.

Quelles sont les densités de la vapeur aqueuse dans le vide et dans l'air ; à l'état de saturation ou de non-saturation, pour les différentes températures et sous les diverses pressions ?

Les physiciens admettent généralement qu'il suffit de déterminer par une expérience directe la densité de la vapeur aqueuse dans une seule circonstance de température et de pression, et que l'on peut ensuite calculer les densités de cette vapeur pour toutes les autres circonstances, en appliquant la loi de Mariotte et celle de la dilatation uniforme des gaz. Or, l'expérience a démontré que ces lois ne se vérifient pas, dans la plupart des gaz, même lorsque ceux-ci sont très-éloignés de leur point de liquéfaction. Dès lors, il est à craindre que, pour la vapeur d'eau, surtout à l'état de saturation, c'est-à-dire au point même de sa liquéfaction, ces lois ne soient tout à fait inexactes.

On peut obtenir une valeur théorique de la densité de la vapeur d'eau, en appliquant à cette substance la loi de M. Gay-Lussac sur la composition des gaz.

$$
\begin{aligned}
\text{Ainsi, 2 volumes d'hydrogène pèsent} &\ldots\ldots\ \ 0,1382 \\
\text{1 volume d'oxygène pèse} &\ldots\ldots\ldots\ \ \underline{1,1055} \\
\text{2 volumes de vapeur d'eau} &\ldots\ \ 1,2437
\end{aligned}
$$

D'après cela, la densité théorique de la vapeur aqueuse est

$$0,6219.$$

Il faut savoir maintenant si les densités de la vapeur d'eau, dans les diverses circonstances, peuvent être déduites par le calcul de cette densité théorique. Il est impossible de décider cette question avec les éléments que nous possédons actuellement dans la science. Nous avons, en effet, un grand nombre de déterminations de la densité de la vapeur d'eau, faites dans les circonstances les plus variées par un grand nombre d'expérimentateurs ; mais elles présentent des divergences si extraordinaires, qu'il est impossible d'y reconnaître la vérité.

On en jugera par les citations suivantes (1) :

Watt	100°,00	0,6334
Davy	Moyenne.	0,6666
Dalton	*Id.*	0,7000
Saussure	5,94	0,7409
Id.	7,73	0,6858
Id.	18,95	0,6833
Clément et Desormes	12,50	0,5311
Id.	12,50	0,5471
Anderson	9,45	0,6523
Id.	15,00	0,6630
Id.	25,00	0,6324
Id.	28,34	0,6251
Mayer	18,75	0,8012
Despretz	17,44	0,6767
Id.	19,31	0,6535
Gay-Lussac	100,00	0,6235
Brunner	9,50	0,6490
Schmidt	100,00	0,7220
Southern	109,45	0,6479
Id.	132,23	0,6957
Id.	146,13	0,7095
Muncke	0,00	0,8274
Id.	3,75	0,8469
Id	7,50	0,8836
Id.	8,44	0,8892
Id.	9,38	0,9076
Id.	12,50	0,8662
Id.	15,00	0,7957
Id.	18,75	0,7186
Id.	20,00	0,6594
Id.	22,50	0,6940
Id.	23,75	0,7214
Id.	24,37	0,7335
Id.	27,50	0,7335
Id.	37,50	0,6501
Id.	43,75	0,6348

Il est évident que la plupart de ces résultats sont tout à

---

(1) Ces citations sont extraites du Mémoire de M. Schmeddink, dont il sera question plus loin.

fait inexacts , et il suffit de lire les procédés suivis par les auteurs pour reconnaître immédiatement que les résultats obtenus par la plupart d'entre eux ne peuvent inspirer la moindre confiance.

Les physiciens ont généralement adopté la densité de la vapeur $\frac{5}{8}$, proposée par M. Gay-Lussac. Cette densité diffère peu de la densité théorique. Il convient de remarquer que cette densité n'a pas été déterminée sur de la vapeur à saturation , mais sur de la vapeur à 100 degrés sous une pression plus faible que celle de $0^m,760$.

Un physicien allemand, M. Schmeddink, a publié, il y a quelques années , dans les *Annales de Poggendorff*, t. XXVII, p. 40, un travail étendu et exécuté avec soin, dans lequel il a déterminé le poids de la vapeur aqueuse qui se trouve à saturation dans l'air à différentes températures atmosphériques , et il est arrivé à ce résultat, que la densité de la vapeur aqueuse dans l'air à saturation , par rapport à celle de l'air pris dans les mèmes circonstances, augmente d'une manière très-notable avec la température. On peut juger de cette variation par les nombres suivants que j'extrais de son Mémoire :

13°,44	0,616
16,25	0,621
17,50	0,625
18,75	0,627
20,00	0,630
21,25	0,632
22,50	0,634
23,75	0,643
28,75	0,643
37,50	0,640
43,75	0,652

La densité de la vapeur d'eau varierait donc de 0,616 à 0,652 entre les températures de 13 degrés et de 44 degrés. On commettrait donc des erreurs considérables en calculant le poids de la vapeur qui se trouverait à saturation dans un mètre cube d'air, avec la densité théorique dont j'ai parlé tout à l'heure, et appliquant les lois de Mariotte et de la dilatation uniforme des gaz.

J'ai fait beaucoup d'expériences pour décider ce point, qui est tout à fait capital dans la théorie de l'hygrométrie.

J'ai déterminé d'abord la densité de la vapeur d'eau dans le vide, à la température de 100 degrés, mais sous des pressions de plus en plus faibles, afin de reconnaître si la vapeur suit dans ce cas la loi de Mariotte.

L'appareil, *Pl. II, fig.* 1, que j'ai employé consiste en un ballon A de 10 litres environ de capacité portant une monture en laiton à robinet *r*. Cette monture est ajustée au col du ballon au moyen d'un mastic au minium, d'après le procédé que j'ai décrit dans mon Mémoire sur la densité des gaz (*Annales de Chim. et de Phys.*, 3ᵉ série, t. XIV, p. 211); elle se termine par un tube en laiton recourbé.

On introduit dans ce ballon une petite quantité d'eau, puis on le met en communication avec une machine pneumatique; un tube à ponce sulfurique se trouve interposé pour que la vapeur d'eau ne puisse pas pénétrer dans les corps de pompe de la machine. On fait le vide pendant très-longtemps. La vapeur d'eau qui se forme incessamment dans le ballon finit par chasser complétement l'air; on ferme le robinet.

Le ballon est disposé dans un grand vase en tôle galvanisée BCDE, de telle façon que le robinet *r* se trouve en face de la tubulure T. Ce vase, qui renferme une couche d'eau de 2 décimètres d'épaisseur, est chauffé sur un fourneau. L'extrémité du tube *bc* est engagée dans un tube en laiton *cd* qui est soudé lui-même à un tube en plomb flexible *de* faisant partie de la monture N d'un grand flacon F. Le flacon F est maintenu dans de l'eau à la température ambiante. Un petit tube de plomb *t* met le flacon F en communication avec le manomètre barométrique représenté *Pl. IV, fig.* 3, tome XIV.

On fait un vide partiel dans le flacon F, et lorsque l'eau est en pleine ébullition dans le vase BCDE, on ouvre le robinet r. L'eau du ballon distille alors et vient se condenser dans le flacon F. Au bout d'une heure environ, on mesure sur le manomètre barométrique la force élastique de la vapeur, et l'on ferme le robinet r.

On dessèche complétement le tube de communication $v\iota$. et l'on pèse le ballon après l'avoir laissé jusqu'au lendemain suspendu au crochet de la balance. On suit, d'ailleurs, dans cette pesée la méthode que j'ai développée dans mon Mémoire sur la détermination de la densité des gaz. (*Annales de Chimie et de Physique*, 3e série, tome XIV, page 211.)

On dispose de nouveau le ballon dans le vase BCDE en le mettant en communication avec le flacon F. On porte l'eau à l'ébullition et l'on fait un vide très-avancé. En ouvrant le robinet r, la plus grande partie de la vapeur renfermée dans le ballon vient se condenser dans le flacon F, et il n'en reste qu'une petite quantité qui fait équilibre à la force élastique restée dans le flacon F. On mesure celle-ci avec soin lorsque l'équilibre est établi, et on ferme le robinet r.

On pèse le ballon.

La différence p des deux poids est le poids de la vapeur qui remplit le ballon à la température T de l'eau bouillante sous une pression égale à la différence h des forces élastiques observées dans les deux expériences.

Le poids π de l'air sec qui remplit le ballon à o degré, sous la pression de 760 millimètres, a été déterminé par des expériences directes.

La densité ∂ de la vapeur aqueuse par rapport à l'air pris dans les mêmes circonstances de température et de pression sera donnée par la formule

$$\partial = \frac{p}{\pi} \cdot \frac{1 + \alpha T}{1 + kT} \cdot \frac{760}{h}.$$

R.

Voici quelques nombres obtenus de cette manière :

I.
$$\pi = 12^{gr},9937$$
$$p = 2^{gr},959$$
$$h_0 = 378^{mm},72$$
$$T = 99^o,91.$$

Poids de la vapeur à o degré et sous la pression de 760 millimètres,

$$P = 8^{gr},0965.$$

II.
$$p = 2^{gr},802$$
$$h_0 = 357^{mm},51$$
$$T = 99^o,14$$
$$P = 8^{gr},1052.$$

III.
$$p = 1^{gr},261$$
$$h_0 = 161^{mm},32$$
$$T = 99^o,63$$
$$P = 8^{gr},0941.$$

IV.
$$p = 2^{gr},696$$
$$h_0 = 345^{mm},28$$
$$T = 99^o,78$$
$$P = 8^{gr},0859.$$

On déduit de ces quatre expériences :

	Poids de la vapeur.	Densités.
	gr	
I..........	8,0965	0,62311
II.........	8,1052	0,62377
III.......	8,0941	0,62292
IV........	8,0859	0,62229

Ces densités s'éloignent peu de la densité théorique 0,622,
et de la densité $\frac{10}{16}$ donnée par M. Gay-Lussac.

En appliquant la même méthode à la détermination de
la densité de la vapeur prise sous des pressions qui s'appro-
chent de 760 millimètres, on obtient des nombres sensiblement plus forts. Cela peut tenir à ce que la vapeur se trouve,
dans ce cas, à une température très-voisine de celle à laquelle la saturation aurait lieu ; mais cela peut tenir également à ce que la paroi vitreuse du ballon maintient de l'eau
condensée à sa surface en vertu de son affinité hygroscopique.

Lorsqu'on emploie au contraire cette méthode à la détermination de la densité de la vapeur aqueuse sous des pres-

sions très-faibles, les moindres erreurs dans les pesées en entraînent de beaucoup plus considérables dans la valeur numérique de la densité. D'ailleurs cette méthode ne permet pas d'obtenir la densité de la vapeur à d'autres températures qu'à 100 degrés; il est important de déterminer cette densité à des températures de plus en plus rapprochées de celle qui amènerait la saturation.

Le procédé suivant permet d'obtenir ces nouvelles déterminations avec une plus grande précision.

Un grand ballon en verre a été jaugé exactement, en le pesant plein d'eau. On introduit dans ce ballon une petite ampoule hermétiquement fermée, et renfermant une quantité d'eau exactement pesée. Le col de ce ballon est mastiqué dans une tubulure qui établit la communication avec un manomètre barométrique. Le ballon ainsi que le manomètre sont disposés dans un grand vase que l'on remplit d'eau. Une glace permet d'observer le manomètre au moyen du cathétomètre. On prend d'ailleurs toutes les précautions qui ont été longuement décrites dans mon Mémoire sur la force élastique de la vapeur d'eau (*Annales de Chimie et de Physique*, 3ᵉ série, tome XI, page 287).

On dessèche le ballon, puis on fait un vide aussi complet que possible et l'on mesure très-exactement la force élastique de la petite quantité d'air qui est restée dans le ballon. Au moyen de quelques charbons, on détermine la rupture de l'ampoule, et l'on élève la température de l'eau qui enveloppe le ballon au-dessus de la température à laquelle la vapeur se trouverait à saturation. On rend cette température stationnaire, et l'on mesure la force élastique qui existe dans le ballon. En retranchant de cette force élastique celle qui appartient à l'air, on a la force élastique de la vapeur.

Tant que la température sera inférieure à celle à laquelle l'espace se trouverait saturé par le poids p d'eau renfermé primitivement dans l'ampoule, on trouvera, pour la tension de la vapeur d'eau, la tension maximum qui correspond à cette température; mais au delà de cette température, la vapeur se comportera comme un gaz, et si l'on désigne par f sa force élastique, on aura pour sa densité rapportée à celle de l'air pris dans les mêmes circonstances de température et de pression,

$$\delta = \frac{p}{\pi} \cdot \frac{1 + \alpha T}{1 + kT} \cdot \frac{760}{f}.$$

Voici les données d'une expérience faite par cette méthode :

La capacité à o degré du ballon et de la partie du tube manométrique occupée par la vapeur est de $9612^{cc},4$, d'où

$$\pi = 9612,4 \times 0^{gr},0012995 = 12^{gr},4903.$$

Le poids de l'eau qui remplit l'ampoule est

$$p = 0^{gr},3080.$$

Numéros des expériences.	T.	$f.$	$F_T.$	$\dfrac{f}{F_T}.$	$\delta.$
	^{o}	mm	mm		
1.	15,06	12,81	12,75	1,000	"
2.	23,74	21,97	21,85	1,000	"
3.	25,94	25,05	24,91	1,000	"
4.	30,82	32,14	32,14	1,000	0,64693
5.	31,23	32,66	33,86	0,964	0,63849
6.	31,54	33,24	34,46	0,964	0,62786
7.	32,37	33,49	38,47	0,870	0,62499
8.	37,05	34,19	46,82	0,733	0,62140
9.	41,51	34,65	59,51	0,582	0,62195
10.	41,88	34,61	60,68	0,570	0,62333
11.	45,78	35,22	74,33	0,474	0,62003
12.	48,38	35,48	84,84	0,418	0,62046
13.	55,41	36,23	119,84	0,302	0,62078

F_τ indique la tension de la vapeur d'eau à saturation prise dans les Tables ; $\dfrac{f}{F_\tau}$ le rapport de la force élastique observée de la vapeur à la force élastique calculée : ce rapport est appelé généralement la *fraction de saturation*.

Dans les expériences 1, 2 et 3, l'eau se trouvait en excès dans le ballon ; on a trouvé pour f des valeurs sensiblement égales à celles que l'on déduit des Tables. Mais dans toutes les expériences suivantes, la vapeur possédait une force élastique moindre que la tension maximum correspondant à la même température ; de sorte qu'elles peuvent servir à calculer la densité de la vapeur d'eau.

Les expériences de 8 à 13 donnent pour cette densité des nombres sensiblement égaux à ceux que nous avons trouvés plus haut, page 22. Mais les expériences 4, 5, 6 et 7, qui ont été faites à des températures très-voisines de celles auxquelles correspond la saturation de l'espace, donnent des densités plus fortes ; les valeurs de ces densités sont d'autant plus grandes que la température s'approche davantage de celle à laquelle correspond l'état de saturation.

On peut conclure de là que la densité de la vapeur d'eau, *dans le vide et sous de faibles pressions*, peut être calculée d'après la loi de Mariotte, pourvu que la fraction de saturation ne soit pas plus élevée que 0,8 ; mais que cette densité est notablement plus forte quand on approche davantage de la saturation.

Cette dernière circonstance peut tenir à deux causes : ou bien la vapeur d'eau éprouve réellement une condensation anormale en approchant de l'état de saturation, ou bien une partie de la vapeur d'eau reste condensée sur les parois vitreuses du ballon et ne prend l'état aériforme que lorsque la vapeur intérieure est éloignée de l'état de saturation. L'expérience journalière de nos laboratoires nous rend évidente l'attraction hygroscopique du verre ; cette substance retient de l'eau condensée à sa surface, lors même qu'elle

(26)

est restée longtemps dans un air éloigné de son point de saturation ; de sorte que nous ne pouvons pas douter que l'affinité hygroscopique du verre n'influe sur le phénomène,
mais il est difficile de décider si elle seule produit l'effet
observé. En déterminant la densité de la vapeur aqueuse, à
des températures voisines du point de saturation, dans des
ballons formés par des matières différentes ou dans des ballons de verre dont on recouvrirait successivement les parois
intérieures de vernis de diverses natures (1), on parvien-
drait peut-être à apprécier approximativement l'influence
de la nature de la paroi. Mais on annulerait difficilement la
condensation superficielle d'une manière complète et certaine.

Le même appareil peut servir à déterminer la densité de
la vapeur d'eau dans l'air pris sous différentes pressions :
on remplace dans ce cas le manomètre barométrique par un
manomètre ordinaire. Mais les déterminations ne présentent
plus malheureusement, dans ce cas, la même précision que
dans le vide, et cela par les raisons que j'ai développées plus
haut, page 8, lorsque nous nous sommes occupés de la
détermination des tensions de la vapeur d'eau dans l'air.

Occupons-nous maintenant de la détermination de la densité de la vapeur aqueuse *dans l'air à saturation*. Nous
avons vu plus haut que cette question avait été traitée par
M. Schmeddink, et que ce physicien avait trouvé que la
densité de la vapeur augmentait dans ce cas rapidement
avec la température.

J'ai déterminé la densité de la vapeur d'eau à saturation
dans l'air, en pesant la quantité d'humidité qu'un volume
connu d'air saturé renferme aux différentes températures.
Je me suis servi, pour cela, du procédé de M. Brunner, qui
consiste à remplir d'eau un vase d'une capacité déterminée,

---

(1) Ou dans des vases de verre de formes très-différentes présentant, par
conséquent, des rapports très-différents entre leurs capacités et les surfaces
de leurs parois internes.

à mettre la partie supérieure de ce vase en communication avec des tubes renfermant des matières desséchantes et qui ont été exactement pesés, à faire écouler l'eau du vase d'une manière régulière par un orifice inférieur; l'eau qui s'écoule par le bas se trouve remplacée, dans la partie supérieure, par un volume égal d'air. L'air aspiré se dépouille complétement de son humidité en traversant les tubes. Lorsque le vase aspirateur s'est vidé d'eau, on pèse les tubes; leur augmentation de poids représente le poids de l'eau qui existait dans un volume d'air égal à la capacité de l'aspirateur.

Un procédé tout semblable a été employé par M. Schmeddink; mais j'ai reconnu que, pour obtenir des résultats exacts, il faut prendre des précautions particulières.

L'aspirateur dont je me suis servi est formé par un vase cylindrique en tôle galvanisée terminé par deux fonds coniques. Le fond supérieur porte deux tubulures : l'une centrale a, dans laquelle on engage hermétiquement un tube tt' qui fonctionne comme tube de Mariotte pour rendre l'écoulement constant; dans la seconde tubulure b, on adapte un thermomètre T, dont le réservoir occupe le milieu du vase. Le fond inférieur porte une seule tubulure avec un robinet gradué R; ce robinet porte un ajutage long de 1 décimètre, qui reste rempli d'eau à la fin de l'écoulement et empêche que l'air extérieur ne puisse entrer par la tubulure inférieure lorsque le vase s'est vidé.

Le tube de Mariotte porte un robinet r qui permet d'arrêter l'aspiration de l'air, et un tube en U rempli de ponce sulfurique, qui reste constamment fixé à l'appareil. Ce tube a pour objet d'empêcher la vapeur d'eau de parvenir de l'aspirateur jusqu'aux tubes desséchants tarés B et C.

Pour absorber l'humidité de l'air, je n'emploie que deux tubes en U de $0^m,18$ de hauteur, et remplis de ponce sulfurique en fragments très-grossiers : les fragments fins opposeraient trop de résistance au passage du gaz, et l'air dans l'aspirateur ne présenterait plus la même force élastique que l'air extérieur.

Les deux tubes destinés à absorber complétement l'humidité de l'air présentent une longueur peu considérable ; j'ai cherché à les rendre aussi petits que possible, parce que j'attachais un grand intérêt à rendre cette méthode éminemment pratique et facile à employer dans toutes les expériences hygrométriques. L'expérience démontre d'ailleurs que ces deux tubes retiennent complétement l'humidité de l'air. Le premier tube absorbe ordinairement à lui seul toute l'eau, et il est rare que le second tube gagne 1 ou 2 milligrammes.

Je n'ai cependant pas regardé cette épreuve comme suffisante ; j'ai voulu reconnaître si, en mettant à la suite de ces deux premiers tubes plusieurs autres remplis de ponce sulfurique et plongés dans des mélanges réfrigérants, ces derniers tubes n'augmenteraient pas de poids. J'ai attaché à la suite du second tube taré un troisième tube qui a été plongé dans la glace, puis un quatrième qui a été placé dans un mélange réfrigérant de glace et de chlorure de calcium marquant — 30 degrés.

L'expérience a été faite comme à l'ordinaire ; on a placé ensuite les tubes 3 et 4 sous une cloche avec de la chaux vive, où on les a laissés pendant plusieurs heures pour qu'ils prissent exactement la température de l'air ambiant. On a reconnu qu'ils présentaient exactement le même poids qu'avant l'expérience. Le tube n° 1 avait pris $1^{gr},235$ d'eau ; le tube n° 2 n'avait rien pris. Ainsi le premier tube avait desséché complétement l'air.

J'ai fait une seconde expérience qui paraîtra encore plus concluante que celle-ci. J'ai attaché en avant du tube taré n° 1, un tube rempli d'éponge mouillée, et en avant de ce dernier tube, trois tubes en U, remplis de ponce sulfurique, ayant chacun 1 mètre de longueur ; le troisième de ces grands tubes était plongé dans un mélange de glace et de chlorure de calcium ; l'air arrivait par conséquent parfaitement sec dans le tube renfermant l'éponge mouillée : là il dissolvait une nouvelle quantité d'humidité qu'il allait déposer dans les tubes desséchants tarés.

Le tube à éponge mouillée a perdu, dans cette expérience... 0^{gr},767

Le tube desséchant, n° 1, a gagné......................... 0,767

Le tube n° 2 a gagné............... 0

Ces expériences démontrent de la manière la plus évidente que le premier tube desséchant suffit, malgré ses petites dimensions, pour amener l'air à une dessiccation complète. Le tube n° 2 ne sert que comme témoin, et sous ce rapport il est bon de le conserver.

Je dirai en passant que je pense qu'en multipliant beaucoup les appareils destinés à absorber des gaz ou des vapeurs, dans l'espoir d'obtenir une absorption plus complète, on commet, dans les pesées, des erreurs beaucoup plus grandes que celles que l'on cherche à éviter. En effet, lorsque le volume des appareils absorbants est considérable, on ne peut plus négliger dans les pesées les changements qui surviennent dans la nature de l'air extérieur dans l'intervalle des deux pesées. Or, ces changements ne peuvent pas être déterminés avec quelque précision. La moindre différence entre la température de l'air extérieur et celle des appareils au moment de la pesée, différence impossible à éviter, occasionne une erreur sensible. Enfin, la surface vitreuse éminemment hygroscopique des appareils peut se couvrir d'une quantité d'humidité inégale dans les deux pesées.

Dans les expériences qui exigent une grande précision, l'expérimentateur devra chercher à réduire les appareils aux plus petites dimensions possibles au lieu de leur donner des dimensions trop considérables, comme on est disposé à le faire maintenant. La multiplication des appareils absorbants occasionne d'ailleurs de trop grandes résistances au passage du gaz, et il devient impossible de répondre de l'égalité de pression dans les diverses parties de l'appareil.

Pour obtenir un courant d'air saturé d'humidité à une température déterminée, j'ai employé d'abord deux tubes en U remplis d'éponge mouillée, qui étaient maintenus plongés dans un grand vase rempli d'eau que l'on maintenait à une température constante. Un thermomètre était placé dans cette eau que l'on agitait continuellement. Un second thermomètre, très-sensible, était mastiqué dans le second tube à éponge, à l'endroit où sortait le gaz aspiré ; il indiquait la température de ce gaz.

J'ai trouvé à cette disposition des inconvénients graves qui me l'ont fait abandonner. Lorsque l'air traverse l'appareil, il y a toujours une différence sensible entre le thermomètre situé dans le courant du gaz et celui qui est plongé dans l'eau du vase ; de sorte qu'il devient difficile de répondre de la température du gaz et de son état de saturation. Pour obtenir des nombres constants, il est nécessaire de puiser l'air saturé dans un grand espace où l'air est sensiblement en repos. J'ai adopté la disposition suivante :

Un manchon en fer-blanc de 25 litres de capacité, *fig.* 2, fermé par en haut, est posé sur une grande assiette remplie d'eau ; ce manchon porte trois tubulures. La tubulure supérieure e reçoit un thermomètre très-sensible dont le réservoir occupe à peu près le centre du vase. Dans la tubulure f, on engage le premier tube à ponce sulfurique, de telle façon que ce tube vienne puiser l'air au milieu du manchon ; enfin, au moyen de la troisième tubulure g, on met le manchon en communication avec un ballon O rempli d'éponge mouillée que l'air est obligé de traverser avant de se rendre dans le manchon. Pour être plus certain de l'état de saturation de l'air, on a placé dans l'intérieur du manchon en fer-blanc un manchon en toile métallique, enveloppé intérieurement et extérieurement d'un linge mouillé baignant dans l'eau qui couvre le fond de l'assiette. Une petite ouverture o, pratiquée dans ce manchon, permet de puiser l'air au centre du vase, dans le voisinage du réservoir du thermomètre.

Cet appareil est disposé dans une chambre dont la température varie peu, et l'on ne commence une expérience que quelque temps après que l'appareil est monté.

On a fait varier à dessein la vitesse de l'écoulement, afin de s'assurer si celle-ci exerçait une influence réelle sur la quantité d'humidité trouvée. Deux expériences ont été faites à la même température : l'une avec un écoulement qui a duré 45 minutes ; la seconde avec un écoulement qui a duré 3 heures. Le poids de l'eau a été trouvé exactement le même dans ces deux expériences.

Dans les expériences ordinaires, l'aspirateur se vidait en 1^h15^m à 1^h30^m. De cinq en cinq minutes, on lisait de loin avec une lunette le thermomètre placé dans le manchon , et l'on adoptait, comme température de l'air saturé, la moyenne des températures inscrites pendant la durée de l'expérience. Ces températures ne variaient d'ailleurs que très-peu, de 1 ou 2 dixièmes de degré au plus. Lorsque l'écoulement du vase venait à cesser , on attendait quelques minutes pour permettre à l'air de l'aspirateur de se mettre en équilibre de pression avec l'air extérieur, on fermait le robinet r et l'on notait au même instant le thermomètre T de l'aspirateur et le baromètre. On détachait ensuite les deux tubes absorbants, et on les pesait.

Je me suis servi, dans ces expériences , indifféremment de deux aspirateurs que je désignerai par n° 1 et n° 2. Ces aspirateurs ont été jaugés exactement par des pesées.

L'aspirateur n° 1 renfermait $58699^{gr},8$ d'eau à la température de $18°,93$; il renfermerait 58779 grammes d'eau avec la densité que celle-ci possède à la température de 4 degrés.

L'aspirateur n° 2 renfermait $57457^{gr},5$ d'eau à la température de $16°,62$; il renfermerait 57513 grammes d'eau à 4 degrés.

Nous admettrons 0,0000366 pour le coefficient de la dilatation cubique de la tôle.

Le volume des aspirateurs à la température de 0 degré est donc :

Pour le n° 1 ...... 58738 centimètres cubes.
Pour le n° 2 .... 57480 centimètres cubes.

(32)

Pour obtenir la quantité d'eau contenue dans l'air saturé à o degré, j'ai employé la disposition suivante. Un tube en fer-blanc, *fig.* 3, de o^m,55 de long et de o^m,10 de diamètre, porte dans son axe un tube ab de o^m,02 de diamètre. Ce tube est ouvert à ses deux bouts ; une tubulure latérale cd fait communiquer le tube ab avec l'air extérieur. C'est dans cette tubulure que l'on engage, au moyen d'un bouchon, le premier tube à ponce sulfurique. Le tube ab est bouché en a. On remplit le manchon avec de la glace pilée ; l'eau qui provient de la fusion de la glace s'écoule par le robinet r.

Lorsque l'aspirateur fonctionne, l'air extérieur est aspiré à travers la glace qui le ramène à o degré ; il pénètre dans le tube ab par l'orifice inférieur b, et de là il se rend dans les tubes desséchants par la tubulure cd.

Soient :

t, la température moyenne de l'air pendant l'expérience ;

f, la force élastique de la vapeur d'eau à saturation correspondant à cette température ;

t', la température de l'aspirateur à la fin de l'expérience ;

f', la force élastique correspondante de la vapeur à saturation ;

H, la hauteur barométrique réduite à o degré à la fin de l'expérience ;

α, le coefficient de dilatation de l'air ;

k, celui de la tôle ;

V_0, le volume de l'aspirateur à o degré.

Le volume de l'aspirateur à la température t' sera $V_0(1+kt')$: c'est le volume de l'air aspiré quand il remplit l'aspirateur ; mais ce volume d'air est saturé de vapeur d'eau ; par suite, l'air seul ne supporte qu'une pression $H-f'$; lorsque ce même air se trouve dans le manchon, il exerce une force élastique $H-f$. Ainsi son volume est, dans ce dernier cas,

$$V_0(1+kt') \cdot \frac{H-f'}{H-f}.$$

La température de cet air est t quand il est dans le manchon, t' quand il est dans l'aspirateur; par conséquent, son volume, dans des circonstances identiques à celles qui existent dans le manchon, est

$$V_0(1 + kt') \cdot \frac{H - f'}{H - f} \cdot \frac{1 + \alpha t}{1 + \alpha t'}.$$

Si nous désignons par ω le poids du centimètre cube d'air à o degré et sous la pression de $0^m,760$, et par δ la densité de la vapeur d'eau prise par rapport à celle de l'air, en supposant que la vapeur d'eau à saturation dans l'air suive la même loi de dilatation et de pression que l'air, nous aurons pour le poids de la vapeur d'eau qui se trouvait dans ce volume d'air,

$$V_0(1 + kt') \cdot \frac{H - f'}{H - f} \cdot \frac{1 + \alpha t}{1 + \alpha t'} \cdot \omega \delta \frac{1}{(1 + \alpha t)} \cdot \frac{f}{760},$$

ou

$$V_0(1 + kt') \cdot \frac{H - f'}{H - f} \cdot \frac{1}{1 + \alpha t'} \cdot \omega \delta \frac{f}{760}.$$

En égalant cette expression aux poids trouvés par l'expérience, on aura une série d'équations par lesquelles on déterminera δ, et l'on pourra s'assurer si cette valeur est constante pour toutes les températures.

J'ai préféré calculer au moyen de cette formule le poids de la vapeur qui doit se trouver dans l'air, en supposant $\delta = 0,622$, c'est-à-dire égale à la densité théorique, et comparer ce poids à celui que l'on a obtenu par la pesée directe.

Le tableau suivant renferme tous les résultats qui ont été obtenus. Les expériences à o degré (de 1 à 9) ont été faites dans la glace, comme il a été dit page 32; les expériences de 10 à 16 ont été faites dans une cave dont la température variait très-peu; toutes les autres ont été faites à la température de l'air ambiant dans les diverses saisons de l'année.

	NUMÉRO de l'aspirateur.	BAROMÈTRE à la fin de l'expér. H_0.	TEMPÉRAT. finale dans l'aspirateur. θ.	TEMPÉRAT. de l'espace saturé. t.	POIDS DE LA VAPEUR observé. P.	calculé. P'.	DIFFÉR.
		mm	o	o	gr	gr	gr
1	2	745,00	6,75	0,00	0,271	0,2737	—0,003
2	"	744,76	7,31	0,00	0,273	0,2730	0,000
3	"	748,80	7,14	0,00	0,269	0,2732	—0,004
4	"	748,76	8,87	0,00	0,268	0,2712	—0,003
5	"	748,77	7,76	0,00	0,273	0,2725	0,000
6	"	740,83	7,97	0,00	0,271	0,2722	0,000
7	"	740,65	8,18	0,00	0,273	0,2720	+0,001
8	"	744,19	7,44	0,00	0,272	0,2729	—0,001
9	"	745,74	7,42	0,00	0,271	0,2729	—0,002
10	1	752,79	15,02	14,81	0,734	0,7437	—0,010
11	"	753,72	14,89	14,67	0,731	0,7377	—0,007
12	"	754,72	14,82	14,65	0,731	0,7367	—0,006
13	"	757,60	14,49	14,38	0,721	0,7248	—0,004
14	"	755,51	14,62	14,54	0,726	0,7319	—0,006
15	"	747,27	14,23	14,10	0,710	0,7123	—0,002
16	"	747,99	14,29	14,29	0,720	0,7212	—0,001
17	"	752,38	6,14	5,85	0,424	0,4236	0,000
18	"	751,94	5,79	6,48	0,439	0,4431	—0,004
19	"	756,19	6,75	6,63	0,441	0,4447	—0,004
20	"	756,75	7,54	7,48	0,464	0,4711	—0,007
21	"	754,75	7,05	7,22	0,459	0,4637	—0,005
22	"	754,51	7,10	7,53	0,472	0,4736	—0,002
23	"	748,08	7,03	6,64	0,441	0,4456	—0,005
24	"	763,06	14,12	13,20	0,666	0,6718	—0,006
25	"	765,76	13,40	12,88	0,653	0,6598	—0,007
26	2	755,36	21,07	19,77	0,965	0,9723	—0,007
27	"	757,91	20,56	19,16	0,930	0,9376	—0,007
28	1	762,02	20,19	18,93	0,941	0,9123	—0,001
29	"	760,69	20,04	18,93	0,943	0,9431	0,000
30	2	759,99	19,89	18,97	0,922	0,9293	—0,007
31	"	758,15	20,37	18,84	0,918	0,9196	—0,002
32	2	758,17	19,91	19,00	0,926	0,9310	—0,005
33	"	751,75	22,89	20,57	1,010	1,0133	—0,003
34	"	753,53	22,30	21,52	1,072	1,0791	—0,007

	NUMÉRO de l'aspirateur.	BAROMÈTRE à la fin de l'expér. H_0.	TEMPÉRAT. finale dans l'aspirateur. θ.	TEMPÉRAT. de l'espace saturé. t.	POIDS DE LA VAPEUR		DIFFÉR.
					observé. P.	calculé. P'.	
		mm	o	o	gr	gr	gr
35	1	753,63	21,91	21,56	1,104	1,1079	—0,004
36	"	760,66	21,43	20,33	1,020	1,0276	—0,008
37	2	760,25	21,31	20,42	1,008	1,0121	—0,004
38	"	756,48	21,35	20,32	0,999	1,0054	—0,006
39	1	756,03	20,76	20,46	1,031	1,0398	—0,009
40	2	761,21	19,80	24,27	1,285	1,2977	—0,012
41	"	761,04	20,01	25,46	1,393	1,3952	—0,002
42	1	764,30	20,71	20,52	1,041	1,0440	—0,003
43	"	764,82	20,85	20,43	1,031	1,0374	—0,006
44	"	764,10	20,83	20,75	1,058	1,0586	—0,001
45	2	757,80	21,60	21,40	1,072	1,0752	—0,003
46	"	756,35	21,57	21,55	1,083	1,0855	—0,002
47	1	752,05	24,80	24,93	1,342	1,3456	—0,004
48	"	752,07	24,50	24,17	1,280	1,2880	—0,008
49	"	752,38	24,18	23,42	1,227	1,2380	—0,011
50	"	752,13	24,10	23,37	1,220	1,2338	—0,013
51	"	758,20	27,27	26,94	1,486	1,4730	+0,013
52	"	758,20	26,89	26,74	1,442	1,4500	—0,008
53	"	761,91	25,63	25,11	1,315	1,3279	—0,013
54	"	761,21	25,91	25,91	1,382	1,3919	—0,010
55	"	750,12	26,74	26,28	1,407	1,4179	—0,011
56	"	749,06	24,61	24,05	1,239	1,2489	—0,010
57	"	749,97	24,99	24,31	1,257	1,2673	—0,010
58	"	750,46	24,84	24,77	1,292	1,3066	—0,014
59	"	753,98	24,14	23,11	1,167	1,1801	—0,013
60	"	753,52	24,19	24,49	1,247	1,2602	—0,013
61	"	752,91	24,61	24,83	1,296	1,3117	—0,015
62	"	753,12	24,46	24,82	1,296	1,3122	—0,016
63	"	755,81	23,23	22,59	1,139	1,1487	—0,011
64	"	755,68	23,50	23,34	1,191	1,2022	—0,011
65	"	755,15	23,72	23,80	1,225	1,2358	—0,011
66	"	757,32	24,16	24,18	1,248	1,2625	—0,014
67	"	757,62	23,86	23,85	1,223	1,2383	—0,015
68	"	761,96	22,65	22,44	1,130	1,1414	—0,011

On voit dans ce tableau que tous les nombres calculés
sont un peu plus forts que ceux qui ont été trouvés par l'expérience directe, et cela sensiblement de la même fraction
du poids total. Cette fraction est très-petite, elle s'élève à
un centième environ. On peut conclure de là que les densités de la vapeur aqueuse à saturation dans l'air aux basses
températures peuvent être calculées d'après la loi de Mariotte, et que le rapport du poids d'un volume de cette vapeur à celui d'un pareil volume d'air pris dans les mêmes
circonstances de température et de pression, est un peu plus
faible que la densité théorique de la vapeur aqueuse.

Il est vrai que l'on peut expliquer d'une autre manière la
différence qui existe entre les poids de la vapeur calculés et
ceux trouvés par l'expérience. On peut admettre que la densité de la vapeur d'eau à saturation dans l'air est la même
que celle que nous avons trouvée dans le vide $=0,622$,
mais que les forces élastiques de la vapeur que j'ai prises
dans ma Table des tensions de la vapeur dans le vide sont
trop fortes d'une petite quantité ; ce qui s'accorderait avec
ce que nous avons trouvé plus haut (page 13) dans les expériences sur les forces élastiques de la vapeur d'eau à saturation dans l'air.

J'ai cherché à obtenir par la même méthode les densités
de la vapeur d'eau à saturation dans l'air pour des températures plus élevées que les températures atmosphériques ;
mais les résultats ne présentent plus les mêmes garanties
d'exactitude. Il est en effet très-difficile, dans ce cas, de
maintenir la température stationnaire au milieu du courant
d'air, et comme les forces élastiques varient beaucoup plus
rapidement avec la température, la moindre erreur dans
l'appréciation de la température amène des erreurs notables
dans la valeur calculée de la densité.

L'appareil que j'ai employé est représenté *fig.* 4. L'air
aspiré du dehors traverse d'abord un ballon renfermant de
l'eau que l'on chauffe à une température voisine de celle à

laquelle on veut faire l'expérience, il passe ensuite à travers un tube en fer-blanc ABC, puis il se rend dans un large cylindre V dans lequel se trouve un manchon en toile métallique, recouvert d'un linge maintenu humide par une couche d'eau qui recouvre le fond de ce cylindre. Le tube ABC ainsi que le cylindre V sont soudés d'une manière invariable dans l'intérieur d'un vase en tôle rempli d'eau. Cette eau est préalablement portée à la température à laquelle on veut faire une détermination, on l'agite continuellement pendant l'expérience, la température étant rendue sensiblement stationnaire au moyen d'une lampe placée au-dessous du vase. Le premier tube desséchant vient puiser l'air au milieu du cylindre dans le voisinage du réservoir du thermomètre.

Au moment où l'aspiration commence, le thermomètre intérieur descend de plusieurs dixièmes de degré. Cette circonstance, que je n'ai pas trouvé moyen d'éviter complétement, est très-fâcheuse. Le refroidissement qui survient ainsi dans l'air au-dessous de la température de l'eau ambiante, occasionne nécessairement la précipitation d'une partie de la vapeur qui, suspendue dans l'air à l'état de brouillard, peut être entraînée dans les tubes tarés. Aussi observe-t-on constamment un dépôt de rosée dans la partie du premier tube desséchant qui se trouve comprise dans l'intérieur du vase plein d'eau.

Voici quelques nombres qui ont été obtenus de cette manière.

NUMÉRO de l'aspirateur.	BAROMÈTRE à la fin de l'expér. H_o.	TEMPÉRAT. finale dans l'aspirateur. θ.	TEMPÉRAT. de l'espace saturé. t.	POIDS DE LA VAPEUR		DIFFÉRENCE.
				observé. P.	calculé. P'.	
	mm	o	o	gr	gr	gr
1.	757,45	11,58	22,99	1,276	1,273	+ 0,003
"	757,64	11,81	26,84	1,614	1,611	+ 0,003
"	757,89	12,11	28,78	1,837	1,811	+ 0,026
"	756,00	12,29	33,98	2,481	2,468	+ 0,013
"	755,88	12,10	33,56	2,423	2,410	+ 0,013
"	751,25	11,78	42,24	4,045	4,001	+ 0,044
"	754,13	12,70	45,05	4,696	4,679	+ 0,017

On voit que les poids de vapeur trouvés par l'expérience sont un peu plus forts que ceux que l'on détermine par le calcul. Cela tient certainement à l'entraînement des gouttelettes liquides, mais les différences atteignent rarement $\frac{1}{100}$ de la quantité totale.

Quoi qu'il en soit, on voit qu'en prenant pour base ma Table des forces élastiques de la vapeur aqueuse dans le vide, et admettant que la densité de la vapeur est constamment égale à 0,622, celle de l'air dans les mêmes circonstances étant 1, le poids de la vapeur d'eau calculé ne peut différer de la quantité réelle que d'une fraction très-petite, un centième environ.

Les expériences que je viens de décrire peuvent être considérées comme confirmant d'une manière complète l'exactitude de ma Table des forces élastiques de la vapeur d'eau dans les basses températures. On peut s'assurer qu'en calculant ces expériences avec les anciennes Tables adoptées par les physiciens, on obtient des résultats très-discordants. Les expériences que j'ai faites sur la densité de la vapeur d'eau, et que je viens de décrire, datent de plusieurs années, et c'est en cherchant à les calculer avec les anciennes

Tables que j'ai reconnu la nécessité de faire de nouvelles déterminations des forces élastiques de la vapeur d'eau dans les basses températures.

DEUXIÈME PARTIE.

Des procédés employés pour déterminer la fraction de saturation de l'air.

Je distinguerai quatre méthodes principales au moyen desquelles on peut obtenir cette détermination :

1°. La méthode chimique;

2°. La méthode fondée sur les indications des hygromètres formés par des substances organiques qui s'allongent par l'humidité;

3°. La méthode de l'hygromètre à condensation;

4°. La méthode du psychromètre, c'est-à-dire celle qui est fondée sur l'observation des températures données simultanément par deux thermomètres, l'un à boule sèche, l'autre à boule mouillée.

I. — *Méthode chimique.*

J'ai peu de chose à dire sur la méthode chimique, après les détails dans lesquels je suis entré, pages 26 et suivantes, pour expliquer les expériences que j'ai faites dans le but de déterminer le poids de l'eau que l'air renferme lorsqu'il est saturé. Lorsqu'on emploie cette méthode pour déterminer la quantité d'humidité qui existe dans l'air en un point donné, il faut, au moyen d'un long tube, chercher l'air en ce point et l'amener par aspiration dans les tubes desséchants. On place dans ce même point un thermomètre très-sensible que l'on observe de cinq en cinq minutes, de loin, avec une lunette. Les variations de température sont, en général, plus grandes et plus promptes que celles que l'on observe dans les expériences faites avec le manchon, page 30, et il sera souvent nécessaire de faire marcher plus rapidement l'écoulement de l'aspirateur.

La méthode chimique ne donne pas la quantité d'humidité qui existe dans l'air à un moment déterminé, mais bien la quantité moyenne que l'air renfermait pendant la durée de l'expérience. Cette méthode est, du reste, tout à fait rigoureuse, et elle est très-utile pour étudier la marche des autres hygromètres. Nous en verrons des exemples lorsque nous nous occuperons du psychromètre. Mais elle est trop embarrassante, et elle exige une manipulation trop longue pour qu'on puisse l'employer souvent dans les observations météorologiques.

Il y aurait un grand intérêt à déterminer par cette méthode la quantité d'eau qui se trouve en suspension dans les brouillards des diverses espèces, et dans les nuages orageux ou autres dans lesquels les voyageurs se trouvent souvent enveloppés au sommet des hautes montagnes. En retranchant de la quantité totale d'humidité trouvée celle qui pourrait exister dans cet air à l'état de saturation pour la température observée, on aura la quantité d'eau qui se trouve en suspension dans le nuage à l'état globulaire ou vésiculaire. Pour ce genre d'observations, l'air aspiré devra pénétrer immédiatement dans les tubes desséchants, et le long tube de communication sera interposé entre ces derniers tubes et l'aspirateur.

II. — *Des hygromètres formés par des substances organiques ou hygromètres par absorption.*

Un grand nombre de substances organiques s'allongent d'une manière très-sensible quand la quantité d'humidité augmente dans l'air, et se rétrécissent quand l'humidité diminue. On a utilisé cette propriété pour construire des instruments qui indiquent immédiatement le degré d'humidité de l'air. On a proposé, pour cet objet, les substances les plus variées; mais ces instruments étaient plutôt des

(41)

hygroscopes que des hygromètres : ils étaient privés d'une qualité essentielle, celle d'être comparables ; aussi n'a-t-on pas tardé à les abandonner.

L'hygromètre à cheveu a seul échappé à l'oubli général, grâce à la persévérance de son inventeur, qui fit des expériences nombreuses pour rendre cet instrument comparable, et pour lui donner une graduation d'après laquelle on pût calculer la fraction de saturation de l'air.

L'hygromètre de Saussure a joui, pendant les premières années, d'une grande faveur parmi les physiciens ; mais les objections ne tardèrent pas à arriver. On reprocha à l'instrument son extrême fragilité et les dérangements qu'il éprouvait avec le temps dans sa graduation. Quelques physiciens prétendirent même que le cheveu perdait complétement sa sensibilité en peu de temps. Il convient d'ajouter qu'après la mort de Saussure, les artistes ont bientôt perdu les traditions de cet habile physicien, et qu'ils ont souvent mis de côté ses prescriptions les plus importantes.

Cependant l'hygromètre de Saussure présente, pour les observations météorologiques, de si grands avantages sur les autres méthodes hygrométriques que, malgré des préventions très-fortes que j'avais contre cet instrument, je n'ai pas hésité à faire des expériences nombreuses pour m'assurer jusqu'à quel point il pouvait donner des indications précises.

Je rappellerai en peu de mots les prescriptions de Saussure pour la construction de l'hygromètre à cheveu.

On doit choisir des cheveux fins, doux, et non crépus, coupés sur une tête vivante et saine. Pour les dégraisser, on en place un petit paquet de la grosseur d'un tuyau de plume dans un petit linge que l'on coud, et on les fait bouillir dans un matras à long col avec 1 litre d'eau et 10 grammes de carbonate de soude cristallisé. On soutient l'ébullition pendant 30 minutes ; on retire ensuite le sac qui renferme les cheveux, et on les lave en les faisant bouillir à deux reprises, pendant quelques minutes, dans de l'eau pure. On découd la toile, et, après en avoir retiré les cheveux, on les agite en divers sens dans un grand vase rempli d'eau froide, pour achever de les laver et pour les détacher les uns des autres ; enfin, on les suspend et on les laisse sécher à l'air.

Les cheveux bien lessivés sont nets, doux, brillants, transparents, et bien détachés les uns des autres.

Le poids qui tend le cheveu ne doit pas dépasser $0^{gr},2$ (1). Saussure observe qu'un cheveu qui est seulement chargé de $0^{gr},6$ marche d'abord assez régulièrement, mais qu'il s'étire au bout de quelque temps, et que l'instrument devient irrégulier.

La longueur du cheveu, dans les hygromètres portatifs ordinaires, est de 24 centimètres. Le diamètre de la poulie sur laquelle s'enroule le cheveu doit avoir 5 millimètres environ.

On prend le point de l'humidité extrême en plaçant l'instrument sous une cloche dont les parois sont mouillées.

Pour obtenir le point de sécheresse extrême, Saussure recommande de saupoudrer de sel de tartre (bitartrate de potasse) une feuille de tôle courbée en cylindre et chauffée au rouge; la feuille de tôle se couvre ainsi d'une couche de carbonate de potasse très-avide d'humidité. On place ce cylindre sous une cloche bien sèche, et l'on suspend l'hygromètre au milieu.

L'intervalle entre le point de sécheresse extrême et celui d'humidité extrême est divisé en 100 degrés.

Les constructeurs actuels suivent assez exactement les prescriptions de Saussure pour les dimensions des diverses

---

(1) Pour que le poids destiné à tendre le cheveu puisse être aussi faible que l'indique Saussure, il faut que le système mobile de la poulie et de l'aiguille soit beaucoup plus léger que ne le font ordinairement les artistes.

parties de l'appareil; mais ils chargent beaucoup plus le cheveu. Ainsi, le petit poids s'élève souvent à $1^{gr},8$, ce qui est plus que trois fois le poids maximum indiqué par Saussure. Cette circonstance est très-fâcheuse; elle contribue certainement pour beaucoup aux irrégularités que l'on reproche à l'hygromètre à cheveu.

Je n'ai rien trouvé d'essentiel à changer à la construction de Saussure; je crois seulement qu'il vaut mieux dégraisser les cheveux en les laissant séjourner pendant vingt-quatre heures dans un tube rempli d'éther. On conserve ainsi aux cheveux toute leur solidité, et ils acquièrent à peu près la même sensibilité que s'ils étaient dégraissés par la dissolution bouillante de carbonate de soude.

Je prends le point de sécheresse en plaçant l'hygromètre dans un vase cylindrique à pied, au fond duquel se trouve une couche épaisse d'acide sulfurique concentré, et je ferme hermétiquement l'ouverture supérieure du vase, au moyen d'une plaque de verre, rodée et enduite de suif. J'ai reconnu que l'acide sulfurique concentré amène plus rapidement la dessiccation complète que la chaux vive ou le chlorure de calcium, et l'aiguille décrit 2 ou 3 degrés de plus. Dans les instruments que j'emploie, la graduation du cadran est arbitraire, et je transforme, par le calcul, les degrés observés en degrés hygrométriques.

Les degrés de l'hygromètre n'indiquent pas immédiatement les fractions de saturation. Pour obtenir ces dernières, il faut déterminer, par des expériences directes, les relations qui existent entre les divers degrés de l'hygromètre et les fractions de saturation. Saussure avait déjà cherché à construire une Table de cette nature. Plus tard, MM. Dulong, Gay-Lussac et Melloni se sont occupés du même sujet, et ont déterminé les éléments de ces Tables par des procédés différents; mais toutes ces Tables se rapportent à un hygromètre particulier, à celui qui a été employé par l'expérimentateur, et il reste à décider si les instruments construits par les artistes, dans des conditions souvent très-différentes, sont comparables entre eux par cela seul que l'on a déterminé leurs points fixes d'une manière identique. Saussure affirme qu'il n'a jamais observé de différences plus grandes que 3 ou 4 degrés entre deux hygromètres construits d'après sa méthode. En admettant ce fait comme exact pour des instruments construits avec le plus grand soin, et dans des conditions parfaitement identiques, comme ceux de Saussure, on conviendra que la chose est moins certaine pour les instruments que l'on trouve chez les constructeurs.

Les premières questions que je me suis posées sont celles-ci :

1º. Les hygromètres construits avec la même espèce de cheveux, et qui ont été dégraissés dans la même opération, sont-ils rigoureusement comparables?

2º. Les hygromètres construits avec des cheveux différents, mais dégraissés dans une même opération, sont-ils comparables?

3º. Enfin, les hygromètres construits avec des cheveux d'espèces différentes, dégraissés dans des opérations différentes, ou par des procédés différents, sont-ils encore comparables?

Pour résoudre la première de ces questions, j'ai observé, dans des circonstances très-variées, un grand nombre d'hygromètres à cheveu, nouvellement construits, que M. Bunten a bien voulu mettre à ma disposition pour cet usage. Tous ces hygromètres portaient des cheveux de même espèce, qui avaient été dégraissés dans une même opération.

Une première série d'observations a été faite, à l'air libre, sur trois de ces hygromètres, et sur un quatrième hygromètre, fort ancien, construit par Paul, de Genève, et appartenant au cabinet de physique du Collége de France. Ces quatre instruments ont été réglés simultanément dans les mêmes vases pour leurs points fixes.

Le tableau nº I renferme leurs indications simultanées :

TABLEAU Nº I.

HYGROMÈTRES DE BUNTEN.			HYGROMÈTRE de Paul.
Nº 1.	Nº 2.	Nº 3.	
72,0	71,4	72,7	60,9
71,7	71,0	72,7	60,9
75,9	74,8	75,0	64,4
79,1	78,0	77,6	67,1
80,3	79,5	78,4	71,2
77,0	76,7	75,0	71,8
74,8	75,0	74,2	65,6
71,6	71,9	71,1	62,9
75,7	75,7	74,8	66,1
78,0	78,1	77,0	68,6
81,4	80,9	80,3	72,3
80,6	80,3	78,5	71,6
87,6	87,2	85,0	78,6
88,8	88,8	86,3	79,9
90,0	90,0	87,5	82,5
89,1	89,1	87,5	81,7
90,2	90,0	88,3	83,3
86,4	85,2	86,7	80,7
91,6	91,3	88,9	84,1
88,8	87,9	85,2	81,1

Une seconde série d'observations a été faite sur trois autres hygromètres de M. Bunten et sur le même hygromètre de Paul, en plaçant les quatre hygromètres dans un vase cylindrique en verre fermant hermétiquement, et renfermant une couche d'acide sulfurique plus ou moins étendue d'eau. On a obtenu ainsi les résultats renfermés dans le tableau nº II.

TABLEAU N° II.

HYGROMÈTRES DE BUNTEN.			HYGROMÈTRE de Paul.
4.	5.	6.	
°10,2	°12,0	°11,3	°10,4
23,0	23,9	23,6	17,5
35,9	38,1	36,2	27,4
55,6	57,6	55,6	42,6
67,3	69,5	66,8	52,0
75,8	77,6	75,1	60,3
82,4	83,6	81,8	66,9
84,8	86,2	84,1	70,0
92,6	93,8	92,4	81,8
98,4	99,5	98,4	92,6

Enfin, cinq hygromètres de M. Bunten, différents des précédents, mais montés avec la même sorte de cheveux, ont été placés simultanément dans un même bocal en verre dans lequel on a versé successivement des mélanges d'acide sulfurique et d'eau en proportions variables. On a obtenu les nombres inscrits dans le tableau n° III.

TABLEAU N° III.

HYGROMÈTRES DE BUNTEN.				
7.	8.	9.	10.	11.
°21,1	°19,9	°18,7	°21,3	°20,7
41,1	41,3	39,4	42,2	41,1
58,4	58,3	56,2	59,5	58,6
66,3	67,3	65,1	68,7	67,9
79,3	80,7	78,5	82,2	81,4
89,1	90,9	88,6	91,5	91,1
94,2	95,8	91,2	96,0	95,6

On voit, par ces tableaux, que les hygromètres de M. Bunten ont marché d'accord d'une manière satisfaisante; le plus grand écart ne s'élève, en effet, qu'à 3 degrés. On remarquera également que, lorsqu'un des hygromètres présente un degré plus élevé qu'un autre, une différence dans le même sens se maintient dans toutes les autres observations.

Je conclus de là que *les hygromètres construits avec des cheveux de même espèce, dégraissés dans la même opération, ne marchent pas rigoureusement d'accord, mais que cependant ils ne s'éloignent pas assez pour que, dans la plupart des observations, on ne puisse les regarder comme comparables.*

Mais si l'on compare, dans les tableaux I et II, les nombres indiqués par l'hygromètre de Paul avec ceux des hygromètres Bunten, on trouve des différences tellement grandes, qu'il est impossible de regarder ces instruments comme comparables, même dans les observations où l'on se contenterait d'approximations grossières.

On objectera que l'hygromètre de Paul était fort ancien, et par suite que le cheveu s'était altéré. Il m'est impossible de décider si cet hygromètre présentait, dans les premiers temps de sa construction, une marche identique avec celle que nous observons maintenant; mais je puis assurer que cet instrument est aussi sensible et aussi régulier dans ses indications qu'aucun des hygromètres de construction moderne que j'ai eu occasion d'examiner.

En tous cas, cette seule observation prouve que *des hygromètres construits avec des cheveux de nature différente et préparés de diverses manières, peuvent présenter des différences très-grandes dans leurs indications, lors même qu'ils s'accordent aux points fixes.*

Cette inégalité dans la marche dépend probablement, en grande partie, de la manière dont le cheveu a été préparé, peut-être aussi du service plus ou moins long qu'il a fait sur l'appareil. Je me suis assuré, en effet, que des cheveux de nature très-différente, mais lessivés dans une même opération, ne présentent pas de grandes irrégularités dans leur marche.

Cinq espèces de cheveux, aussi différents que possible par leur couleur et leur degré de finesse, ont été dégraissés dans une même opération, en suivant exactement les prescriptions de Saussure. On les a montés sur des cadres semblables, et l'on a déterminé leurs points fixes simultanément dans le même vase. On a placé ensuite ces instruments dans un vase renfermant successivement des dissolutions plus ou moins concentrées d'acide sulfurique.

HYGROMÈTRES DE BUNTEN.				
12.	13.	14.	15.	16.
19,6°	23,4°	24,4°	21,9°	21,5°
51,3	54,6	55,0	54,2	53,3
63,4	67,3	67,0	68,3	67,6
77,8	80,6	80,4	80,7	80,3

Les hygromètres 13 et 14 ont marché parfaitement d'accord ; les hygromètres 15 et 16 présentent la même concordance entre eux ; l'hygromètre n° 12 a marqué constamment des nombres plus faibles. Les plus grandes différences entre les indications de ces cinq hygromètres s'élèvent à 5 degrés.

L'ensemble de ces observations démontre qu'il est impossible de calculer une Table unique qui s'applique exactement à tous les hygromètres, et il est à désirer que les observateurs aient à leur disposition un procédé simple qui leur permette de faire eux-mêmes la Table de leur hygromètre, et par lequel ils puissent vérifier la graduation de leur instrument aussi souvent qu'ils le désireront. Le procédé que je vais décrire me paraît satisfaire parfaitement à ces conditions.

J'ai préparé des mélanges d'acide sulfurique et d'eau à proportions définies, de façon à produire les hydrates suivants :

$$SO^3 + 2H^2O, \quad SO^3 + 3H^2O, \quad SO^3 + 4H^2O,$$
$$SO^3 + 5H^2O, \quad SO^3 + 6H^2O, \quad SO^3 + 8H^2O,$$
$$SO^3 + 10H^2O, \quad SO^3 + 12H^2O, \quad SO^3 + 18H^2O.$$

Ces mélanges ont été vérifiés par une analyse chimique rigoureuse, et l'on a rectifié leur composition toutes les fois que l'analyse montrait qu'elle s'éloignait sensiblement de la composition cherchée. J'ai déterminé avec le plus grand soin les forces élastiques de la vapeur aqueuse donnée par ces dissolutions pour des températures comprises entre o degré et 5o degrés, en employant le procédé décrit page 286 de mon Mémoire sur les tensions de la vapeur d'eau. J'ai construit graphiquement les courbes données par ces expériences, et, au moyen de trois déterminations également espacées, j'ai déterminé les trois constantes qui entrent dans la formule $f = a_2 + a_1 6^t.$

J'ai obtenu de cette manière une formule d'interpolation pour chaque dissolution d'acide sulfurique. Je donne ici les éléments de ces formules, les déterminations prises sur la courbe graphique et qui ont servi à calculer les constantes, enfin les forces élastiques observées directement et celles que l'on déduit des formules par le calcul.

$$SO^3 + 2H^2O.$$

Données prises sur la courbe graphique.

$^\circ$	mm
8	0,110
3o	0,225
52	0,600

d'où l'on déduit

$$\log a_1 = \overline{2},6028764$$
$$a_2 = 0,069925$$
$$\log 6_1 = 0,026712$$

Déterminations expérimentales.

Températures.	Forces élastiques	
	observées.	calculées.
^{o}	mm	mm
8,48	0,11	0,112
16,83	0,16	0,139
25,09	0,17	0,184
33,51	0,26	0,262
41,90	0,35	0,392
52,39	0,68	0,685

$$SO^3 + 3\,H^2O.$$

Données prises sur la courbe graphique.

^{o}	mm
7	0,43
26	1,19
45	3,53

d'où l'on déduit

$$\log a_1 = \overline{1},5629824$$
$$a_2 = +0,064$$
$$\log b_1 = 0,0257050$$

Déterminations expérimentales.

Températures.	Forces élastiques	
	observées.	calculées.
^{o}	mm	mm
7,00	0,43	0,43
9,75	0,47	0,49
14,22	0,61	0,62
18,58	0,80	0,79
24,39	1,09	1,09
28,74	1,38	1,39
33,67	1,82	1,83
38,81	2,48	2,47
44,97	3,52	3,52

$$SO^3 + 4\,H^2O.$$

Données prises sur la courbe graphique.

^{o}	mm
11	1,28
29	3,83
47	10,81

d'où

$$\log a_1 = 0,1666965$$
$$a_2 = -0,188$$
$$\log b_1 = 0,0242948$$

Déterminations expérimentales.

Températures.	Forces élastiques	
	observées.	calculées.
o	mm	mm
8,03	1,09	1,06
11,73	1,32	1,34
15,77	1,73	1,73
14,62	1,60	1,61
18,63	2,06	2,06
21,46	2,47	2,45
23,15	2,82	2,71
26,39	3,27	3,28
29,88	4,03	4,03
32,78	4,81	4,78
40,35	7,50	7,39
47,14	10,92	10,92

$$SO^3 + 5 H^2O.$$

Données prises sur la courbe.

o	mm
7	1,51
24	4,82
41	13,67

$$\log a_1 = 0,2961165$$
$$a_2 = -0,467$$
$$\log b_1 = 0,0251243$$

Déterminations expérimentales.

Températures.	Forces élastiques	
	observées.	calculées.
o	mm	mm
7,13	1,54	1,53
11,01	1,99	2,03
13,61	2,39	2,43
16,94	3,05	3,05
19,66	3,66	3,65
22,91	4,50	4,50
26,75	5,74	5,73
29,82	6,97	6,94
32,68	8,37	8,27
35,73	10,06	9,96
41,12	13,77	13,77

$$SO^3 + 6\,H^2O.$$

Données prises sur la courbe.

°	mm
11	3,24
23	6,98
35	14,40

$$\log a_1 = 0,5798864$$
$$a_2 = -0,561$$
$$\log b_1 = 0,0247944$$

Déterminations expérimentales.

Températures.	Forces élastiques	
	observées.	calculées.
°	mm	mm
10,70	3,20	3,18
12,53	3,58	3,59
15,94	4,48	4,48
21,38	6,35	6,31
24,59	7,72	7,70
28,39	9,69	9,70
31,49	11,64	11,68
35,35	14,65	14,70
14,13	4,03	3,98
19,13	5,49	5,48

$$SO^3 + 8\,H^2O.$$

Données prises sur la courbe.

°	mm
4	2,95
19	7,98
34	19,85

$$\log a_1 = 0,5680961$$
$$a_2 = -0,749$$
$$\log b_1 = 0,0248583$$

Déterminations expérimentales.

Températures.	Forces élastiques	
	observées.	calculées.
°	mm	mm
4,00	2,95	2,95
7,84	3,82	3,86
11,36	4,86	4,88
15,05	6,17	6,21
18,24	7,60	7,61
23,23	10,42	10,37
19,32	8,17	8,14
25,60	12,09	11,99
30,57	16,24	16,18
35,38	21,55	21,54

$$SO^3 + 10\,H^2O.$$

Données prises sur la courbe.

°	mm
5	4,12
20	10,83
35	26,15

$$\log a_1 = 0,7184959$$
$$a_2 = -1,1099$$
$$\log b_1 = 0,0239024$$

Déterminations expérimentales.

Températures.	Forces élastiques	
	observées.	calculées.
°	mm	mm
9,07	5,35	5,43
13,56	7,21	7,26
17,06	9,00	9,05
20,15	10,92	10,93
23,16	13,20	13,10
26,95	16,42	16,39
31,04	20,87	20,86
35,74	27,30	27,29
4,85	4,06	4,08

$$SO^3 + 12\,H^2O.$$

Données prises sur la courbe.

°	mm
10	6,42
21	13,09
32	24,80

$$\log a_1 = 0,9458328$$
$$a_2 = -2,4074$$
$$\log b_1 = 0,0222205$$

Déterminations expérimentales.

Températures.	Forces élastiques	
	observées.	calculées.
°	mm	mm
6,62	5,12	5,02
10,05	6,46	6,44
12,95	7,85	7,86
16,75	9,99	10,06
19,79	12,15	12,16
18,66	11,36	11,34
22,31	14,17	14,17
23,76	15,53	15,44
27,68	19,47	19,41
32,17	25,04	25,04

(54)

$$SO^3 + 18\, H^2O.$$

Données prises sur la courbe.

°	mm
7	6,3o
18	12,82
29	24,65

$$\log a_1 = 0,9034102$$
$$a_1 = -1,70589$$
$$\log 6_1 = 0,0235212$$

Déterminations expérimentales.

Températures	Forces élastiques	
	observées.	calculées
°	mm	mm
5,79	5,8o	5,79
8,43	6,95	6,94
12,39	8,96	9,o1
16,o1	11,28	11,33
17,02	12,05	12,07
20,99	15,37	15,37
25,59	20,27	20,21
28,94	24,62	24,56

J'ai construit, au moyen de ces formules, une Table générale qui renferme les tensions de la vapeur aqueuse données par ces différents mélanges d'acide sulfurique et d'eau pour chaque degré du thermomètre centigrade, depuis +5 degrés jusqu'à +35 degrés. A côté des tensions de chaque dissolution, j'ai placé, dans une colonne contiguë, les rapports de ces tensions à celles données par l'eau pure à la même température ; en d'autres termes, les fractions de saturation produites par ces dissolutions.

Tableau comparatif des tensions de vapeur aqueuse données par l'eau pure et par des mélanges d'acide sulfurique et d'eau.

TEMPÉRA-TURES.	EAU PURE. Tensions.	$SO^3 + 2H^2O.$		$SO^3 + 3H^2O.$		$SO^3 + 4H^2O.$	
		Tensions.	Rapports.	Tensions.	Rapports.	Tensions.	Rapports.
5	mm 6,534	mm 0,105	0,0161	mm 0,388	0,0594	mm 0,861	0,1318
6	6,998	0,106	0,0154	0,409	0,0584	0,922	0,1317
7	7,492	0,108	0,0147	0,430	0,0573	0,985	0,1315
8	8,017	0,110	0,0140	0,452	0,0564	1,053	0,1313
9	8,574	0,112	0,0133	0,476	0,0555	1,125	0,1312
10	9,165	0,115	0,0126	0,501	0,0546	1,200	0,1309
11	9,792	0,118	0,0121	0,527	0,0538	1,280	0,1307
12	10,457	0,121	0,0116	0,556	0,0531	1,364	0,1304
13	11,162	0,124	0,0112	0,586	0,0525	1,454	0,1303
14	11,908	0,127	0,0107	0,617	0,0518	1,548	0,1300
15	12,699	0,131	0,0103	0,651	0,0513	1,648	0,1298
16	13,536	0,135	0,0100	0,687	0,0507	1,753	0,1295
17	14,421	0,139	0,0097	0,725	0,0503	1,865	0,1293
18	15,357	0,144	0,0094	0,765	0,0498	1,983	0,1291
19	16,346	0,149	0,0091	0,808	0,0494	2,108	0,1289
20	17,391	0,154	0,0088	0,853	0,0491	2,241	0,1288
21	18,495	0,159	0,0086	0,901	0,0487	2,380	0,1287
22	19,659	0,165	0,0084	0,952	0,0484	2,528	0,1286
23	20,888	0,171	0,0082	1,006	0,0482	2,684	0,1285
24	22,184	0,177	0,0080	1,064	0,0479	2,849	0,1284
25	23,550	0,184	0,0078	1,125	0,0478	3,024	0,1284
26	24,988	0,191	0,0076	1,190	0,0476	3,209	0,1284
27	26,505	0,199	0,0074	1,258	0,0475	3,405	0,1284
28	28,101	0,207	0,0073	1,331	0,0474	3,611	0,1285
29	29,782	0,216	0,0072	1,408	0,0473	3,830	0,1286
30	31,548	0,225	0,0071	1,490	0,0472	4,061	0,1287
31	33,406	0,235	0,0070	1,577	0,0472	4,305	0,1289
32	35,359	0,245	0,0069	1,670	0,0472	4,564	0,1291
33	37,411	0,256	0,0068	1,767	0,0472	4,838	0,1293
34	39,565	0,268	0,0067	1,871	0,0473	5,127	0,1297
35	41,827	0,280	0,0067	1,981	0,0474	5,432	0,1299

4.

Suite du *Tableau comparatif des tensions de vapeur aqueuse données par l'eau pure et par des mélanges d'acide sulfurique et d'eau.*

TEMPÉRATURES.	EAU PURE. Tensions.	$SO^3 + 5H^2O$.		$SO^3 + 6H^2O$.		$SO^3 + 8H^2O$.	
		Tensions.	Rapports.	Tensions.	Rapports.	Tensions.	Rapports.
°	mm	mm		mm		mm	
5	6,534	1,294	0,1980	2,137	0,3271	3,168	0,4848
6	6,998	1,399	0,1999	2,296	0,3281	3,398	0,4856
7	7,492	1,510	0,2015	2,464	0,3289	3,643	0,4862
8	8,017	1,628	0,2031	2,641	0,3294	3,902	0,4867
9	8,574	1,753	0,2045	2,829	0,3299	4,176	0,4870
10	9,165	1,885	0,2057	3,029	0,3305	4,466	0,4873
11	9,792	2,025	0,2068	3,240	0,3309	4,773	0,4874
12	10,457	2,173	0,2078	3,463	0,3312	5,098	0,4875
13	11,162	2,331	0,2088	3,699	0,3314	5,443	0,4876
14	11,908	2,498	0,2098	3,950	0,3317	5,808	0,4877
15	12,699	2,674	0,2106	4,215	0,3319	6,194	0,4877
16	13,536	2,861	0,2114	4,495	0,3321	6,603	0,4878
17	14,421	3,059	0,2121	4,793	0,3324	7,036	0,4879
18	15,357	3,270	0,2129	5,107	0,3328	7,495	0,4880
19	16,346	3,492	0,2135	5,440	0,3328	7,980	0,4881
20	17,391	3,728	0,2145	5,792	0,3329	8,494	0,4882
21	18,495	3,977	0,2152	6,166	0,3331	9,039	0,4882
22	19,659	4,243	0,2157	6,561	0.3337	9,615	0,4888
23	20,888	4,523	0,2154	6,979	0,3342	10,226	0,4894
24	22,184	4,820	0,2173	7,422	0,3345	10,872	0,4900
25	23,550	5,135	0,2180	7,892	0,3351	11,557	0,4904
26	24,988	5,469	0,2189	8,388	0,3357	12,282	0,4915
27	26,505	5,822	0,2196	8,914	0,3363	13,050	0,4924
28	28,101	6,197	0,2205	9,471	0,3370	13,862	0,4933
29	29,782	6,594	0,2214	10,060	0,3378	14,723	0,4944
30	31,548	7,014	0,2223	10,684	0,3387	15,635	0,4956
31	33,406	7,459	0,2232	11,345	0,3396	16,600	0,4969
32	35,359	7,933	0,2243	12,045	0,3406	17,622	0,4984
33	37,411	8,432	0,2254	12,785	0,3417	18,704	0,4999
34	39,555	8,962	0,2265	13,569	0,3429	19,850	0,5017
35	41,827	9,524	0,2277	14,400	0,3443	21,063	0,5036

Suite et fin du *Tableau comparatif des tensions de vapeur aqueuse don nées par l'eau pure et par des mélanges d'acide sulfur. et d'eau.*

TEMPÉRA-TURES.	EAU PURE.	$SO^3 + 10H^2O.$		$SO^3 + 12H^2O.$		$SO^3 + 18H^2O.$	
	Tensions.	Tensions.	Rapports.	Tensions.	Rapports.	Tensions.	Rapports.
°	mm	mm		mm		mm	
5	6,534	4,120	0,6305	4,428	0,6777	5,478	0,8384
6	6,998	4,416	0,6310	4,787	0,6841	5,879	0,8401
7	7,492	4,728	0,6311	5,164	0,6892	6,300	0,8409
8	8,017	5,059	0,6309	5,562	0,6935	6,745	0,8413
9	8,574	5,408	0,6307	5,980	0,6974	7,216	0,8416
10	9,165	5,777	0,6303	6,420	0,7005	7,712	0,8414
11	9,792	6,166	0,6297	6,883	0,7029	8,237	0,8412
12	10,457	6,578	0,6290	7,371	0,7049	8,790	0,8406
13	11,162	7,013	0,6283	7,885	0,7064	9,374	0,8398
14	11,908	7,473	0,6276	8,425	0,7075	9,991	0,8390
15	12,699	7,958	0,6268	8,995	0,7083	10,641	0,8379
16	13,536	8,471	0,6257	9,592	0,7086	11,329	0,8370
17	14,421	9,014	0,6248	10,222	0,7088	12,054	0,8359
18	15,357	9,586	0,6238	10,885	0,7088	12,820	0,8348
19	16,346	10,191	0,6234	11,583	0,7086	13,628	0,8337
20	17,391	10,831	0,6227	12,317	0,7082	14,482	0,8327
21	18,495	11,506	0,6223	13,090	0,7078	15,383	0,8317
22	19,659	12,220	0,6216	13,904	0,7073	16,334	0,8309
23	20,888	12,974	0,6209	14,760	0,7066	17,338	0,8300
24	21,184	13,771	0,6107	15,661	0,7059	18,397	0,8293
25	23,550	14,613	0,6204	16,610	0,7053	19,516	0,8287
26	24,988	15,503	0,6204	17,608	0,7047	20,697	0,8283
27	26,505	16,443	0,6203	18,659	0,7040	21,944	0,8279
28	28,101	17,436	0,6205	19,765	0,7034	23,260	0,8277
29	29,782	18,485	0,6208	20,929	0,7027	24,650	0,8277
30	31,548	19,594	0,6211	22,154	0,7022	26,117	0,8278
31	33,406	20,765	0,6216	23,443	0,7018	27,666	0,8282
32	35,359	22,003	0,6223	24,800	0,7014	29,300	0,8286
33	37,411	23,311	0,6231	26,228	0,7011	31,025	0,8293
34	39,565	24,692	0,6241	27,732	0,7009	32,847	0,8302
35	41,827	26,152	0,6252	29,314	0,7008	34,770	0,8313

Voici maintenant l'usage de cette Table pour la graduation de l'hygromètre à cheveu :

On note sur l'hygromètre le point de l'humidité extrême.
Quant au point de l'extrême sécheresse, je le rejette entièrement comme inutile à déterminer, car on n'a jamais
occasion d'en approcher dans les observations. Je regarde
d'ailleurs le point auquel s'arrête l'hygromètre dans l'air
complétement sec comme n'appartenant pas au cheveu dans
son état normal; ce point n'est atteint qu'après un grand
nombre de jours, longtemps après que l'air a été complétement desséché. Cette circonstance prouve suffisamment que dans un air complétement sec, le cheveu
éprouve un retrait anormal qui, peut-être, se fait indé-
finiment, car j'ai observé sur un hygromètre placé dans
un bocal avec de l'acide sulfurique concentré, que le retrait continuait encore au bout de trois mois, d'une manière très-peu sensible il est vrai, car il fallut plus de quinze
jours pour que l'aiguille décrivît 1 degré.

Je supposerai que l'hygromètre doit être employé dans
une contrée dans laquelle la fraction de saturation de l'air
ne descende jamais au-dessous de $\frac{1}{4}$; je ne commence ma graduation qu'à partir de ce point. Je mets l'hygromètre dans
un vase en verre cylindrique, *fig.* 5, dont l'ouverture supérieure se ferme exactement avec un obturateur en verre. Je
place au fond de ce vase d'abord de l'eau pure, puis successivement des couches de 2 à 3 centimètres des dissolutions
d'acide sulfurique

$$SO^3 + 18\,H^2O,\ SO^3 + 12\,H^2O,\ SO^3 + 10\,H^2O,$$
$$SO^3 + 8\,H^2O,\ SO^3 + 6\,H^2O,\ SO^3 + 5\,H^2O;$$

et je note les degrés que l'hygromètre marque dans ces
différents cas, ainsi que la température donnée par le
thermomètre fixé sur l'hygromètre au moment des observations.

Je prends maintenant dans la Table les fractions de saturation qui correspondent, pour chacune des dissolutions,

aux températures observées. J'obtiens de cette manière les degrés marqués par l'hygromètre à cheveu pour des fractions de saturation exactement déterminées, et à peu près également espacées dans l'échelle. J'ai, par conséquent, tous les éléments nécessaires pour calculer par interpolation la Table de mon hygromètre.

La graduation de l'hygromètre peut être ainsi faite par chaque observateur. La préparation des dissolutions normales d'acide sulfurique ne présente aucune difficulté : la meilleure manière de les préparer consiste à prendre de l'acide sulfurique concentré du commerce, et à lui ajouter une certaine quantité d'eau, de manière à l'amener à la dissolution $SO^3 + 4H^2O$: pendant cette opération, il se dégage beaucoup de chaleur, et il y a toujours de l'eau vaporisée ; de sorte que la liqueur ne présente pas un titre exact. On détermine sa composition avec le plus grand soin par l'analyse chimique. On se sert ensuite de cette liqueur bien titrée pour former toutes les autres dissolutions.

On peut conserver ces liqueurs très-longtemps dans des flacons bien bouchés, et l'on peut s'en servir pour vérifier la graduation de l'instrument aussi souvent que l'on veut.

La précaution la plus essentielle consiste à placer le bocal renfermant l'hygromètre dans un endroit où la température ne change que très-lentement, afin que la liqueur présente bien la température indiquée par le thermomètre. Pour satisfaire à cette condition, je place le bocal dans une caisse en bois, ayant une petite porte latérale que l'on ouvre seulement au moment de l'observation.

Il est facile d'adapter au couvercle du bocal une monture métallique semblable à celle représentée par la *fig.* 5, et qui permet de faire complétement le vide au moyen de la machine pneumatique. J'ai reconnu ainsi que l'hygromètre marque exactement le même degré dans l'air et dans le vide quand il est en présence de la même dissolution et à la même température ; mais, dans le vide, sa marche est beau coup plus rapide, et il suffit d'un petit nombre de minutes pour qu'il atteigne sa position stationnaire, lors même que la fraction de saturation est très-petite.

J'ai employé, pour former la Table des hygromètres, un autre procédé plus compliqué dans l'exécution, mais qui permet d'obtenir la graduation de l'hygromètre en très-peu de temps, et d'étudier, avec une grande précision, cette graduation aux différentes températures.

Une cloche de verre VV', *fig.* 6, de 15 litres environ de capacité, repose sur un socle en fonte SS'. Ce socle porte une rainure *ab* dans laquelle on coule un mastic très-fusible; la cloche se trouve ainsi fermée hermétiquement par le bas. Cette cloche porte une monture A à plusieurs tubulures. Dans la tubulure centrale *o* on engage un thermomètre très-exact; à la seconde tubulure se trouvent soudés un premier tube en plomb *cd* qui communique avec un manomètre barométrique, et un second tube *ef* qui communique avec une machine pneumatique. Enfin, la troisième tubulure porte un robinet *r*; on mastique dans cette tubulure un petit ballon renfermant de l'eau.

La cloche est disposée dans un grand vase en verre plein d'eau. Ce vase est placé lui-même dans une chaudière en fonte pleine d'eau, que l'on peut chauffer avec une lampe à alcool, lorsqu'on veut maintenir l'eau environnant la cloche à une température stationnaire supérieure à celle de 'air ambiant.

On fait une première fois le vide en laissant le robinet *r* ouvert, puis on ferme le robinet *r*, et l'on fait un grand nombre de fois le vide en laissant rentrer chaque fois, et très-lentement, de l'air sec : on dessèche ainsi la cloche d'une manière parfaite. Enfin, on fait une dernière fois un vide aussi complet que possible, et l'on sépare la machine pneumatique.

On mesure au cathétomètre la différence de hauteur des deux colonnes du manomètre barométrique; on obtient ainsi la force élastique de l'air sec resté dans l'appareil. On s'assure que le vide se maintient d'une manière absolue.

Pour introduire dans la cloche une petite quantité d'humidité, on ouvre, pendant quelques instants, le robinet r, puis on le referme. La tension de la vapeur introduite est mesurée par l'accroissement de la différence de niveau des deux colonnes de mercure. L'eau de la cloche est fréquemment agitée, et maintenue à une température stationnaire.

Les hygromètres prennent très-promptement leur état d'équilibre. Quand il est bien établi, on note leurs indications, la température du thermomètre T, et l'on mesure la force élastique de la vapeur.

Pour introduire une nouvelle quantité de vapeur, on ouvre le robinet r, puis on le ferme; on recommence les mêmes déterminations, et ainsi de suite, jusqu'à ce que l'espace soit amené à l'état de saturation.

La température n'ayant pas changé sensiblement pendant la durée des expériences, on obtient une Table des degrés de l'hygromètre pour les différentes fractions de saturation correspondant à une même température.

Il est facile de faire une seconde série de déterminations à une température plus élevée, en desséchant de nouveau la cloche, et opérant de la manière qui vient d'être décrite. On peut s'assurer alors si les deux Tables que l'on obtient sont identiques.

Lorsqu'on ne cherche qu'à faire la Table d'un hygromètre, on peut se dispenser de maintenir la cloche dans l'eau et faire les expériences à la température de l'air ambiant, pourvu que cette température soit un peu élevée : car à des températures trop basses les forces élastiques de la vapeur d'eau présentent des valeurs absolues très-faibles que l'on ne pourrait plus mesurer avec une précision suffisante.

J'ai fait deux séries d'expériences par cette méthode. Dans la première, quatre hygromètres à cheveu ont été placés sous la cloche. Trois de ces hygromètres, n° 44, n° 5 et n° 68, portaient des cheveux tout à fait semblables ; mais la poulie et l'aiguille du n° 68 étaient beaucoup plus légères que dans les deux autres hygromètres, ce qui avait permis de diminuer beaucoup le poids destiné à tendre le cheveu. Le quatrième hygromètre portait, au lieu du cheveu, un fil de cocon. Ce dernier hygromètre n'a pas fonctionné, il a perdu son élasticité en très-peu de temps. Peut-être le fil de cocon était-il trop chargé.

La cloche était entourée d'eau à la température de l'air ambiant ; la température dans l'intérieur de la cloche n'a varié que de $0°,15$ pendant tout le temps de l'expérience.

Après la dessiccation préalable et le vide définitif fait avec la machine pneumatique, il restait dans la cloche une force élastique de l'air sec de $3^{mm},23$ à la température de $20°,25$. A la fin des expériences, lorsque l'intérieur de la cloche a été saturé de vapeur, la force élastique a été de $21^{mm},05$ à la température de $20°,27$; ce qui donne pour la tension de la vapeur $17^{mm},82$. La tension trouvée dans les Tables pour la température de $20°,27$ est de $17^{mm},70$. Ainsi, on peut admettre que l'appareil a parfaitement tenu le vide.

Le tableau suivant renferme les indications des trois hygromètres à cheveu en regard des fractions de saturation :

FRACTIONS de saturation.	DEGRÉS MARQUÉS PAR LES HYGROMÈTRES		
	N° 44.	N° 5.	N° 68.
	$^{\circ}$	$^{\circ}$	$^{\circ}$
0,000	18,0	13,3	29,0
0,021	20,0	15,6	32,5
0,092	29,8	26,0	43,5
0,133	39,0	37,0	52,0
0,189	47,5	45,0	59,0
0,318	60,5	59,5	71,0
0,356	66,6	65,5	75,0
0,437	72,3	71,5	80,0
0,478	77,2	76,2	83,2
0,541	81,7	81,0	87,5
0,619	87,5	86,5	91,4
0,671	90,5	89,8	94,0
0,778	95,5	94,5	97,5
1,000	101,0	100,5	104,0

Les indications des hygromètres sont rapportées ici à des
échelles arbitraires. Cela est indifférent, lorsque l'on doit
employer les hygromètres pour des observations météorologiques. Il sera facile de construire sur les données précédentes, pour chaque hygromètre, une courbe graphique au
moyen de laquelle on déterminera immédiatement la fraction de saturation qui correspond à un degré quelconque de
l'instrument.

Mais si l'on veut comparer commodément les indications
données par les trois instruments dans des circonstances
identiques, il faut les rapporter à une même échelle, par
exemple à l'échelle centigrade, en adoptant les points fixes
proposés par Saussure. La transformation est facile lorsque
l'on connaît les degrés marqués par les instruments dans la
sécheresse extrême et dans l'humidité extrême. Dans les

expériences dont nous nous occupons maintenant, nous connaissons avec toute certitude les degrés qui correspondent sur chaque instrument à l'humidité extrême ; mais il n'en est pas de même des points de l'extrême sécheresse. Les degrés inscrits dans le tableau précédent et correspondants à la fraction de saturation 0,000 ont été notés deux heures après la fermeture définitive de l'appareil ; les hygromètres continuaient encore à marcher, ils ne seraient probablement devenus stationnaires qu'après plusieurs jours. Je n'ai pas voulu attendre aussi longtemps pour déterminer le prétendu zéro de l'échelle que je regarde comme tout à fait incertain et comme devant être rejeté dans la graduation des hygromètres. Il est probable que les hygromètres auraient encore marché de 8 à 10 degrés vers la sécheresse, si on les avait laissés suffisamment longtemps dans une cloche avec de l'acide sulfurique concentré.

Quoi qu'il en soit, nous admettrons les nombres inscrits dans le tableau en regard de la fraction de saturation 0,000 comme correspondant au zéro de l'échelle. Cette hypothèse ne pourra rendre inexacte que la partie de la Table, voisine de la sécheresse extrême dont on n'approchera jamais dans les observations météorologiques.

Le tableau suivant renferme les indications des trois hygromètres rapportées à l'échelle centésimale :

FRACTIONS de saturation.	DEGRÉS CENTÉSIMAUX DES HYGROMÈTRES		
	N° 44.	N° 5.	N° 68.
	°	°	°
0,000	0,0	0,0	0,0
0,021	2,4	2,6	4,6
0,092	14,2	14,5	19,3
0,133	25,3	27,1	30,6
0,189	35,5	36,3	40,0
0,318	51,2	52,9	56,0
0,356	58,5	59,9	61,3
0,437	65,4	66,7	68,0
0,478	71,3	72,1	72,3
0,541	76,8	77,6	78,0
0,619	83,7	83,9	83,2
0,671	87,3	87,7	86,7
0,778	93,4	93,2	91,3
1,000	100,0	100,0	100,0

On voit que les deux hygromètres 44 et 5 marchent bien d'accord, mais l'hygromètre n° 68 s'écarte notablement des précédents, surtout pour les petites fractions de saturation. Or, la seule différence qui existe entre l'hygromètre n° 68 et les deux autres, c'est que dans le premier le cheveu est tendu par un poids plus faible; de sorte qu'il convient d'indiquer cette nouvelle circonstance qui empêche les hygromètres à cheveu d'être comparables :

Deux hygromètres montés avec des cheveux identiques peuvent ne pas être comparables par cela seul que les cheveux ne sont pas tendus par des poids égaux.

La seconde série d'expériences avait pour but de faire la Table des hygromètres à différentes températures, afin de reconnaître si les indications des hygromètres à cheveu ne dépendent que des fractions de saturation, et si elles sont réellement indépendantes de la température, comme on l'admet généralement. J'avais placé sous la cloche les hygromètres 44 et 5 dont les cheveux avaient été lessivés avec la dissolution de carbonate de soude, un troisième hygromètre monté avec un cheveu préparé à l'éther, enfin un quatrième hygromètre portant un fil de cocon. Ces expériences (1) ont manqué par une circonstance fortuite : le tube du manomètre s'est fendu spontanément, et je n'ai pas trouvé jusqu'ici le temps de recommencer ces expériences.

La méthode de graduation que je viens d'indiquer met en évidence, d'une manière très-nette, l'action des substances hygrométriques sur la vapeur d'eau. Au moment où l'on vient d'introduire une nouvelle quantité de vapeur par l'ouverture du robinet *r*, le mercure du manomètre descend; si on l'affleure au micromètre de la lunette, immédiate-

---

(1) J'avais cherché à obtenir dans ces dernières expériences un vide très-complet dans la cloche, et pour cela, j'employais un artifice très-simple que je crois utile d'indiquer ici, parce qu'il peut servir dans bien des circonstances.

La machine pneumatique amenait difficilement le vide au-dessous de $2\frac{1}{2}$ millimètres, et je désirais avoir un vide beaucoup plus parfait. Je place dans un grand ballon de 20 à 25 litres de capacité une ampoule de verre hermétiquement fermée et renfermant environ 50 grammes d'acide sulfurique au maximum de concentration. Je verse de même au fond du ballon 2 ou 3 grammes d'eau. J'ajuste sur le col du ballon une monture à robinet. Je fais le vide dans le ballon avec la machine pneumatique, en ayant soin d'interposer sur le passage de l'air un tube rempli de ponce sulfurique destiné à absorber la vapeur d'eau. On fait marcher la pompe jusqu'à ce que les gouttes d'eau liquide aient complétement disparu et que la machine cesse de fonctionner ; on ferme alors le robinet Le ballon est maintenant vide d'air, il ne renferme que de la vapeur d'eau exerçant une force élastique de 2 à 3 millimètres. En agitant le ballon, on détermine la rupture de l'ampoule renfermant l'acide sulfurique et l'on répand cet acide sur les parois. La vapeur d'eau est promptement absorbée et le ballon se trouve absolument vide. Il suffit de mettre ce ballon en communication avec l'appareil dans lequel on veut obtenir un vide très-parfait, en ayant soin d'empêcher que de l'air ne se trouve dans les tubes de communication. En ouvrant les robinets, l'air se répand uniformément dans les deux espaces, et si la capacité du ballon est considérable relativement à celle de l'autre vase, on amène immédiatement la force élastique de l'air à une très-petite fraction de millimètre. Si la capacité du vase est considérable, il faut répéter cette opération plusieurs fois.

ment après la fermeture du robinet, on s'aperçoit que le mercure remonte à mesure que les aiguilles des hygromètres marchent vers l'humidité, et la force élastique intérieure ne devient invariable que lorsque les aiguilles ont pris l'état stationnaire. La force élastique a souvent diminué de $\frac{1}{2}$ millimètre pendant cet intervalle de temps. Une partie de cette absorption est due probablement à la paroi vitreuse de la cloche ; mais je crois que dans les petites fractions de saturation, la plus grande partie de l'effet doit être attribuée aux cheveux. Au moins c'est ce qui me semble résulter des expériences que j'ai citées sur la détermination de la densité de la vapeur d'eau dans les ballons de verre (page 25).

Lorsqu'on approche de l'état de saturation, l'hygromètre à cheveu se met beaucoup plus rapidement en équilibre par rapport au degré d'humidité de l'espace qui l'environne. Si l'on observe alors simultanément le niveau du mercure du manomètre et les aiguilles des hygromètres, on remarque que le niveau du mercure remonte successivement, mais que les aiguilles des hygromètres, après avoir marché vers l'humidité, rétrogradent ensuite de quelques degrés. Cette circonstance tient évidemment à ce que, au moment où les hygromètres ont marqué le maximum d'humidité, la paroi vitreuse se trouvait en retard par rapport aux cheveux des hygromètres : elle n'avait pas encore condensé toute la quantité d'humidité qu'elle peut condenser dans les circonstances présentes ; de sorte que la force élastique de la vapeur libre continue à diminuer. Les hygromètres à cheveu sont, dans ce cas, suffisamment rapides dans leur marche pour indiquer toutes ces variations successives.

Les observations précédentes montrent que, bien que les hygromètres à cheveu marchent plus rapidement dans le vide que dans l'air, il faut bien se garder d'inscrire trop promptement leurs indications quand on veut faire la Table de ces instruments. Elles montrent également qu'il faut rejeter toutes les méthodes de graduation dans lesquelles on néglige les pouvoirs absorbants de la substance hygrométrique et des parois de l'enceinte.

En résumé, je crois pouvoir conclure des expériences nombreuses que j'ai faites sur les hygromètres à cheveu, que l'instrument de Saussure, si commode dans un grand nombre de circonstances, exige la plus grande circonspection de la part de l'observateur : qu'il est nécessaire de faire directement la Table de chaque instrument et de vérifier cette Table le plus souvent que l'on peut, au moins dans quelques-uns de ses points.

On conservera le point 100 correspondant à l'humidité extrême, mais je crois qu'il est convenable de rejeter, pour la graduation, le point de l'extrême sécheresse, et de ne commencer l'échelle de l'instrument qu'à partir de la fraction de saturation $\frac{1}{5}$ que l'on aura déjà rarement occasion d'observer à l'air libre.

Lorsque l'hygromètre à cheveu est établi à poste fixe dans un observatoire, on pourra vérifier ses indications sans déranger l'instrument, en les comparant de temps en temps avec les résultats donnés par la méthode chimique que l'on pourra appliquer de la même manière que dans les expériences que je décrirai plus loin pour la graduation du psychromètre.

III. — *Des hygromètres à condensation.*

Le Roy, de Montpellier, a proposé le premier, pour déterminer l'état hygrométrique de l'air, de refroidir lentement de l'eau renfermée dans un vase, par l'addition successive de petites quantités de glace, jusqu'à ce qu'il commençât à se former un dépôt de rosée sur ses parois. La température que l'eau du vase présente en ce moment est celle à laquelle l'air se trouverait complétement saturé par la quantité de vapeur qui s'y trouve. Si t représente la température de l'air ambiant, t' celle qui est indiquée par un

thermomètre plongé dans l'eau du vase, f et f' les forces
élastiques de la vapeur aqueuse correspondant à ces températures, $\dfrac{f'}{f}$ sera la fraction de saturation de l'air.

Il est difficile, dans la plupart des circonstances, de
trouver de la glace pour faire cette expérience. Quelques
physiciens ont proposé de produire l'abaissement de température de l'eau du vase en y dissolvant certains sels, tels
que le nitrate d'ammoniaque. Mais, lorsque l'air est très-
sec et que sa température est élevée, il est souvent difficile
d'obtenir ainsi un abaissement de température assez considérable pour déterminer le dépôt de rosée.

Le procédé de Le Roy n'a reçu une application réelle
que par la construction de l'hygromètre à condensation de
Daniell. On sait que cet instrument consiste en deux boules
A et B, *fig.* 7, réunies par un large tube recourbé. La boule A
renferme de l'éther qui remplit cette boule un peu plus qu'à
moitié; un thermomètre très-sensible est disposé dans le
tube *ab*, de façon à ce que son réservoir se trouve au centre
de la boule A et plonge dans les couches supérieures du liquide. Le vide a été fait complétement dans ce petit appareil
avant de le fermer à la lampe. La boule B est enveloppée
d'une batiste sur laquelle l'observateur verse de l'éther
goutte à goutte avec une pipette. L'évaporation de l'éther
dans l'air produit un refroidissement considérable de la
boule B, qui détermine la distillation de l'éther de la boule A.
L'éther se refroidit et peut descendre au-dessous de la température à laquelle l'air se trouverait saturé par la quantité de vapeur qui y existe en ce moment. On apercevra
donc de la rosée se former sur la boule A. Pour rendre plus
apparent le premier dépôt de rosée, on construit ordinairement la boule A avec un verre fortement coloré en bleu de
cobalt, ou on la revêt d'un anneau brillant doré.

Le refroidissement de l'éther dans la boule A a princi-
palement lieu à la surface du liquide où l'évaporation se

R.   5

fait, et, comme les liquides sont mauvais conducteurs de la
chaleur, il y a toujours une différence notable de température entre les couches supérieures du liquide et les couches
inférieures. Aussi le dépôt de rosée commence-t-il toujours
sur un anneau qui environne la surface du liquide, et ce n'est
que plus tard que ce dépôt s'étend sur toute la surface de la
boule. Il convient donc de placer le réservoir du thermomètre dans la couche supérieure du liquide, et de donner
à ce réservoir des dimensions très-petites, afin que le retard
de sa température sur celle du liquide ambiant soit aussi
petit que possible. Mais en donnant à ce réservoir de très-
petites dimensions, on diminue beaucoup la longueur du
degré du thermomètre, et la lecture de l'instrument présente
plus d'incertitude.

L'appareil de M. Daniell peut, entre des mains exercées,
donner approximativement la température du point de
rosée, mais on ne peut pas compter sur son exactitude absolue. Cet appareil présente, en effet, plusieurs inconvénients
que je vais énumérer :

1°. L'éther présente des différences de température notables dans ses différentes couches ; la température de la
couche superficielle est plus basse que celle des couches inférieures. En supposant le thermomètre d'une sensibilité
extrême, ce qui est loin d'avoir lieu, il n'indiquerait encore
que la température moyenne des couches dans lesquelles son
réservoir est plongé. Or, cette température moyenne peut
différer sensiblement de celle de laquelle dépend le premier
dépôt de rosée. On atténue l'erreur qui peut résulter de
cette cause en déterminant une évaporation très-lente de
l'éther, au moment où l'on approche du point de rosée ;
mais on ne peut espérer la faire disparaître entièrement.

2°. La manipulation exige la présence prolongée de l'observateur dans le voisinage de l'appareil ; c'est là un très-
grand inconvénient, car elle influe nécessairement sur l'état
hygrométrique de l'air et sur sa température, surtout si

l'observateur est obligé de s'approcher très-près pour lire le thermomètre et pour observer le premier dépôt de la rosée.

3°. La vaporisation d'une grande quantité d'éther a lieu sur la boule B, dans un espace extrèmement voisin de celui dans lequel on détermine le dépôt de rosée sur la boule A : il est impossible que cette circonstance et que l'abaissement de la température qu'elle amène dans les couches d'air voisines n'occasionnent pas un changement très-sensible dans l'état hygrométrique de l'air.

4°. L'éther que l'on emploie n'est jamais de l'éther anhydre. l'éther ordinaire du commerce renferme jusqu'à $\frac{1}{10}$ de son poids d'eau. Cette eau est entraînée en grande partie par la vapeur de l'éther dans un espace très-voisin de celui dans lequel on détermine le dépôt de rosée. Cette circonstance tend donc encore à changer l'état hygrométrique.

5°. Si la température est élevée et l'air très-sec, il est impossible d'amener le dépôt de rosée sur la boule A, même en versant de grandes quantités d'éther sur la boule B; de sorte que, dans ce cas, l'instrument refuse complétement le service. Il est évident, d'ailleurs, que les inconvénients que j'ai signalés 3° et 4° sont d'autant plus graves que la quantité d'éther évaporé est plus considérable.

On a imaginé un grand nombre de modifications de l'appareil de Daniell; plusieurs physiciens ont proposé d'observer le dépôt de rosée sur la boule même du thermomètre. Ils ont courbé la tige du thermomètre comme le montre la *fig.* 8, et ils ont ajusté exactement sur la partie supérieure de la boule une cuvette métallique dans laquelle on verse l'éther destiné à produire le refroidissement; le dépôt de la rosée s'oberve sur la partie nue *abc* de la boule. Il est évident que cette disposition n'a pas d'avantages sur celle de Daniell; l'indication du thermomètre correspond à la température moyenne des différents points du mercure du réservoir, et non à celle de la partie de son enveloppe sur laquelle on observe le dépôt de rosée, et tout le monde conçoit qu'il peut exister une différence très-notable entre ces deux températures, surtout pendant la marche descendante toujours très-rapide du thermomètre.

Les mêmes objections s'appliquent aux constructions proposées par M. Pouillet sous les noms d'*hygromètre à capsule* et d'*hygromètre à virole* (*Éléments de Physique*, quatrième édition, tome II, page 635), et à l'hygromètre métallique de M. Savary (*Annales de Chimie et de Physique*, troisième série, tome II, page 531). Tous ces instruments présentent au plus haut degré un inconvénient qu'il faut éviter à tout prix. La surface sur laquelle on observe le dépôt de la rosée est très-près, souvent même au milieu de l'espace dans lequel se développe la vapeur d'éther destinée à produire le refroidissement. On a cherché, dans toutes ces constructions, à rendre plus rapide la marche descendante du thermomètre, tandis que c'est évidemment le problème contraire qu'il faut se proposer : il faut pouvoir rendre cette marche très-lente, afin d'être sûr qu'il ne peut exister qu'une différence très-petite entre la température de la paroi sur laquelle se dépose la rosée et celle indiquée par le thermomètre.

Je crois que tous ces inconvénients se trouvent écartés dans l'instrument que je propose aux physiciens sous le nom d'*hygromètre condenseur,* et que j'ai eu occasion d'essayer dans les circonstances les plus variées.

Cet appareil se compose d'un dé en argent très-mince et parfaitement poli, *abc, fig.* 9. Ce dé a 45 millimètres de haut et 20 millimètres de diamètre, il s'ajuste exactement à frottement sur un tube de verre *cd,* ouvert par les deux bouts. Le tube porte une petite tubulure latérale *t.* L'ouverture supérieure du tube est fermée par un bouchon qui est traversé par la tige d'un thermomètre très-sensible qui en occupe l'axe; le réservoir cylindrique de ce thermomètre se trouve placé au milieu du dé en argent. Un tube de verre mince *fg*, ouvert par les deux bouts, traverse le même bouchon et descend jusqu'au fond du dé. On verse de l'éther dans le tube jusqu'en *mn*, et l'on met la tubulure *t* en communication au moyen d'un tube de plomb avec un aspirateur de la capacité de 3 à 4 litres, rempli d'eau. L'aspirateur est placé auprès de l'observateur, tandis que l'hygromètre condenseur en est aussi éloigné que l'on veut.

En faisant couler l'eau de l'aspirateur, l'air pénètre par le tube *gf* (1); il traverse, bulle à bulle, l'éther qu'il refroidit en enlevant de la vapeur: le refroidissement devient d'autant plus rapide, que l'écoulement de l'eau est plus abondant; toute la masse d'éther présente d'ailleurs une température sensiblement uniforme, parce qu'elle est vivement agitée par le passage des bulles d'air. En moins d'une minute on abaisse la température jusqu'à déterminer un dépôt abondant de rosée. On observe à ce moment le thermomètre au moyen d'une lunette. Je suppose que ce thermomètre marque 12 degrés; il est clair que cette température est plus basse que celle à laquelle correspond réellement la saturation de l'air. On ferme le robinet *r* de l'aspirateur, le passage de l'air s'arrête, la rosée disparaît au bout de quelques instants, et le thermomètre remonte. Je suppose qu'il marque 13 degrés; ce point est supérieur au point de rosée. J'ouvre très-peu le robinet *r*, de manière à déterminer le passage de bulles d'air très-peu abondantes à travers l'éther; si le thermomètre continue néanmoins à monter, j'ouvre le robinet davantage, et je fais descendre le thermomètre à $12°,9$; en fermant un peu plus le robinet, il est facile d'arrêter la marche descendante et de faire rester le thermomètre stationnaire à $12°,9$ aussi longtemps que l'on veut. S'il ne s'est pas formé de rosée au bout de quelques instants, il

---

(1) M. Dœbereiner avait déjà proposé de produire le refroidissement de l'éther dans l'hygromètre de Daniell, en faisant traverser ce liquide par un courant d'air, obtenu au moyen d'une pompe foulante. (Note de M. Poggendorff, *Annales de Poggendorff*, tome LXV, page 339.)

est clair que 12°,9 est supérieur au point de rosée. Je descends maintenant à 12°,8, et j'y maintiens le thermomètre en réglant convenablement l'écoulement. Je suppose que la surface métallique se ternisse au bout de quelques instants, j'en conclus que 12°,8 est plus bas, et que 12°,9 est plus haut que la température à laquelle correspond la saturation. Je puis avoir une plus grande approximation en cherchant si 12°,85 est au-dessus ou au-dessous de ce point. A cet effet, je tourne très-peu le robinet r, de façon à ce que le thermomètre prenne une marche ascendante très-lente, malgré le passage des bulles à travers l'éther, et j'observe si la rosée disparaît ou si elle persiste à 12°,85, température à laquelle je maintiens pendant quelques instants le thermomètre stationnaire.

Toutes ces opérations sont plus longues à décrire qu'à exécuter; lorsqu'on a un peu d'habitude, il suffit de trois à quatre minutes pour faire une détermination du point de rosée à $\frac{1}{20}$ de degré près.

Le vase aspirateur a une capacité beaucoup plus grande que celle qui est nécessaire pour faire une seule détermination. Celui dont j'ai indiqué le volume suffit pour maintenir pendant plus d'une heure le condenseur dans le voisinage du point de rosée et pour faire plus de dix déterminations consécutives.

J'ai fait un grand nombre de déterminations au moyen de cet instrument, dans un grand amphithéâtre dont la température et l'état hygrométrique ne changent que très-lentement, et j'ai trouvé des résultats parfaitement identiques dans des déterminations successives.

Lorsqu'on fait des observations en plein air, on reconnaît combien l'état hygrométrique est variable d'un instant à l'autre, par suite des changements incessants de température. Lorsqu'on maintient le thermomètre du condenseur stationnaire dans les environs du point de rosée, on voit le métal se ternir ou reprendre son éclat, suivant que le plus léger souffle vient d'un côté ou de l'autre. Les hygromètres ordinaires et les psychromètres sont beaucoup trop peu sensibles pour indiquer ces variations momentanées.

Il faut avoir très-exactement la température de l'air sec dans le point de l'espace dont on détermine l'état hygrométrique. A cet effet, je place un thermomètre très-sensible dans un second petit appareil tout semblable au premier, à cette différence près qu'il ne renferme pas de liquide. Ce second appareil est disposé immédiatement à côté du premier; il est extrêmement utile pour faire juger, *par contraste*, des moindres changements qui surviennent sur l'appareil véritable. Ainsi, un observateur peu exercé pourrait ne pas reconnaître le premier dépôt très-peu sensible de rosée, si l'hygromètre condenseur est seul; il le reconnaîtra, au contraire, infailliblement, s'il a immédiatement à côté un second appareil qui lui sert de terme de comparaison.

La *fig.* 10 représente la disposition que je donne ordinairement à l'appareil. *ab* est le condenseur qui fonctionne, la tubulure *t* est mastiquée dans un tube de cuivre *tcd,* auquel on attache en *d* le tube de plomb qui communique avec l'aspirateur. La tubulure *t'* du second appareil est bouchée avec un peu de mastic. Si l'on craint que le thermomètre T' n'obéisse pas assez rapidement aux variations de température de l'air, on peut le suspendre à l'air libre, et fixer le cylindre d'argent qui sert de terme de comparaison sur le tube *cd*.

Il est facile de voir que l'appareil que je viens de décrire évite tous les inconvénients que j'ai signalés tout à l'heure comme existant dans l'hygromètre de Daniell. Ainsi :

1º. Le thermomètre indique rigoureusement la même température que l'éther, et toutes les couches de ce liquide présentent une température uniforme, à cause de l'agitation continuelle produite par le passage des bulles d'air ; la paroi métallique sur laquelle se dépose la rosée a bien la même température que l'éther, parce qu'elle est très-mince et qu'elle se trouve en contact immédiat avec ce liquide.

2º. La manipulation n'exige pas le voisinage de l'observateur, qui se tient, au contraire, à une distance de plusieurs mètres, et observe les instruments avec une lunette.

3° et 4°. Il ne se forme aucune vapeur dans le voisinage du point dans lequel on détermine l'état hygrométrique.

5°. On peut obtenir des abaissements de température beaucoup plus considérables qu'avec l'hygromètre de Daniell. Ainsi, pendant les plus grandes chaleurs de l'été, j'ai amené le thermomètre du condenseur à plusieurs degrés au-dessous de zéro, et j'ai couvert la paroi métallique d'une couche épaisse de givre.

Enfin la dépense en éther est beaucoup moins considérable; je dirai plus, on peut se passer entièrement de ce liquide et le remplacer par de l'alcool. Cette substitution est très-importante quand on fait des expériences dans les climats chauds, où la conservation d'un liquide aussi volatil que l'éther est à peu près impossible.

J'ai fait plusieurs expériences en plaçant dans le condenseur de l'alcool ordinaire, et j'ai amené très-facilement le dépôt de rosée. L'aspiration de l'air doit être, dans ce cas, plus rapide qu'avec l'éther, et le thermomètre s'abaisse plus lentement. Cela n'est pas un inconvénient, parce qu'on a moins de tâtonnements à faire pour observer exactement la température du point de rosée.

Le plus grand inconvénient de l'appareil consiste en ce que l'aspirateur est un peu volumineux et que l'on a besoin d'eau pour le remplir, ce qui n'est pas toujours facile en voyage. Je ferai remarquer d'abord que le vase que j'emploie est beaucoup trop grand, quand on veut se borner à faire une seule détermination; un vase de la capacité d'un litre suffit dans ce cas; mais je me suis assuré qu'avec un peu d'habitude, on peut se passer entièrement de l'aspirateur.

Je termine le tube de plomb par une petite embouchure semblable à celle d'un chalumeau ordinaire, et, auprès de cette embouchure, je place un robinet; l'observateur souffle d'abord assez vivement à travers l'éther pour amener le liquide au point de rosée. Il arrête alors, laisse disparaître la rosée, puis il souffle plus modérément en tournant convenablement le robinet. Il est facile par ce moyen de maintenir le thermomètre du condenseur à un état presque stationnaire. Un observateur exercé pourrait même se passer du robinet régulateur; mais son emploi rend l'expérience beaucoup plus facile.

IV. — *Du psychromètre.*

M. Gay-Lussac a proposé le premier de déterminer l'état hygrométrique de l'air en observant les températures indiquées par un thermomètre sec et par un thermomètre dont le réservoir est maintenu constamment mouillé (*Annales de Chimie et de Physique*, 2ᵉ série, t. XXI, p. 91); mais il pense que, pour pouvoir déduire de ces observations la quantité d'humidité qui existe dans l'air, il faudra construire des Tables dont les éléments exigeront un grand nombre d'expériences.

Depuis cette époque, un physicien allemand, M. August, s'est occupé de cette question, et il a publié plusieurs Mémoires intéressants dans lesquels il a cherché à établir sur des considérations théoriques les formules d'après lesquelles on peut calculer la force élastique de la vapeur aqueuse qui existe dans l'air, d'après les températures que marquent dans cet air un thermomètre sec et un thermomètre à boule mouillée. L'appareil, composé de ces deux thermomètres, a reçu le nom de *psychromètre*.

Voici les considérations sur lesquelles M. August établit ses formules (*Annales de Poggendorff*, 2ᵉ série, tome V, page 69); je les donne ici avec quelque développement, parce que les recherches de M. August n'ont été publiées jusqu'ici dans aucun Recueil français.

M. August admet que la boule humide du psychromètre est toujours entourée d'une couche d'air, que l'on peut d'ailleurs supposer aussi mince que l'on veut, qui a la même température que cette boule, et qui se trouve saturée d'humidité. Cette température est inférieure à celle de l'air extérieur. M. August suppose que les couches d'air qui arrivent ainsi successivement en contact avec la boule humide prennent la température de cette boule et se saturent d'humidité. Ces couches, arrivant avec une température supérieure à celle de la boule, lui abandonnent une certaine quantité de chaleur; mais, d'un autre côté, elles vaporisent de l'eau à sa surface et par suite enlèvent à la boule une autre quantité de chaleur. La température stationnaire de la boule humide s'établit par l'égalité entre ces deux quantités de chaleur.

D'après cela, soient

ω, le poids de la petite couche d'air supposée sèche, à o degré et sous la pression de $o^m,76o$;

h, la hauteur du baromètre;

t, la température de l'air ambiant donnée par le thermomètre sec;

t', la température indiquée par le thermomètre mouillé;

f et f', les forces élastiques de la vapeur d'eau à saturation pour les températures t et t';

x, la force élastique de la vapeur d'eau qui existe actuellement dans l'air.

Dans la couche d'air qui environne la boule mouillée, la vapeur d'eau exerce une force élastique f', et l'air une force élastique $h - f'$. Le poids de cet air sec est

$$\omega \, \frac{1}{1 + \alpha t'} \cdot \frac{h - f'}{76o}.$$

La vapeur d'eau qui existe dans cet air se compose de la quantité qui s'y trouve avant le contact de la boule et qui a pour force élastique x, et de la quantité qui s'est formée par évaporation.

La première quantité est représentée par

$$\omega \, \delta \, \frac{1}{1 + \alpha t'} \cdot \frac{x}{76o};$$

la seconde par

$$\omega\delta\,\frac{1}{1+\alpha t'}\cdot\frac{f'-x}{760},$$

δ représentant la densité de la vapeur d'eau par rapport à l'air.

Si γ représente la capacité calorifique de l'air, la quantité de chaleur abandonnée par l'air sec de la couche en descendant de la température t à la température t', est

$$\omega\gamma\,\frac{1}{1+\alpha t'}\cdot\frac{h-f'}{760}(t-t').$$

La vapeur d'eau qui existait dans cet air abandonne une quantité de chaleur qui est, en désignant par k la capacité calorifique de la vapeur aqueuse,

$$\omega\delta k\,\frac{1}{1+\alpha t'}\cdot\frac{x}{760}(t-t').$$

Enfin, soit λ la chaleur latente de la vapeur d'eau entre les températures t et t', nous aurons pour la chaleur absorbée par la vapeur qui se forme,

$$\omega\delta\lambda\,\frac{1}{1+\alpha t'}\cdot\frac{f'-x}{760}.$$

Égalant cette dernière quantité de chaleur à la somme des deux premières, nous aurons

$$\omega\delta\lambda\frac{1}{1+\alpha t'}\cdot\frac{f'-x}{760}=\omega\gamma\,\frac{1}{1+\alpha t'}\cdot\frac{h-f'}{760}(t-t')$$
$$+\omega\delta k\,\frac{1}{1+\alpha t'}\cdot\frac{x}{760}\cdot(t-t'),$$

ou simplement

$$(1)\qquad \gamma(h-f')(t-t')+\delta kx(t-t')=\delta\lambda(f'-x);$$

d'où

$$(2)\qquad x=\frac{1+\dfrac{\gamma}{\delta\lambda}(t-t')}{1+\dfrac{k}{\lambda}(t-t')}f'-\frac{\dfrac{\gamma}{\delta\lambda}(t-t')}{1+\dfrac{k}{\lambda}(t-t')}\cdot h.$$

Dans cette formule il faut connaître, outre les données mêmes de l'observation :

1°. La chaleur spécifique γ de l'air sec : M. August l'admet égale à 0,2669, d'après les expériences de Laroche et Bérard ;

2°. La chaleur spécifique k de la vapeur aqueuse : M. August la suppose égale à celle de l'air, faute d'une meilleure donnée ;

3°. La densité ∂ de la vapeur aqueuse ; M. August l'admet égale à 0,6235, d'après les expériences de M. Gay-Lussac ;

4°. La chaleur latente λ de la vapeur aqueuse entre les températures t et t' : M. August a admis d'abord pour cette donnée la loi de Southern, et il a posé $\lambda = 550$; plus tard, il a adopté la loi de Watt, c'est-à-dire qu'il a supposé que cette quantité est représentée par $640 - t'$.

En substituant ces nombres et négligeant quelques quantités très-petites, M. August obtient la formule numérique (*)

$$x = f' - \frac{0,568\,(t - t')}{640 - t'} \cdot h.$$

Nous modifierons quelques-unes des données numériques précédentes. Nous supposerons la densité ∂ de la vapeur d'eau égale à 0,622, c'est-à-dire égale à la densité théorique, et la chaleur latente de la vapeur d'eau représentée par $610 - t'$; en substituant ces nombres dans la formule (2) et supposant $\partial = k = 0,2669$, nous aurons :

$$x = \frac{1 + \dfrac{0,2669}{0,622.\lambda}(t - t')}{1 + \dfrac{0,2669}{\lambda}(t - t')}\,f' - \frac{\dfrac{0,2669}{0,622.\lambda}(t - t')}{1 + \dfrac{0,2669}{\lambda}(t - t')}\cdot h,$$

ou, en négligeant les quantités très-petites,

(*) *Uber die fortschritte der Hygrometrie;* August, p. 30.

(81)

(B)
$$x = f' - \frac{0,429(t - t')}{610 - t'} . h.$$

M. August a cherché à vérifier l'exactitude de sa formule par des expériences comparatives qu'il a faites avec le psychromètre et l'hygromètre de Daniell. Il cite des expériences semblables faites par d'autres physiciens, et il trouve, dans tous les cas, une concordance suffisante entre la force élastique de la vapeur déduite de l'observation de la température du point de rosée et celle qu'il détermine au moyen de la formule (A), d'après l'observation du psychromètre.

. M. August trouve également une vérification complète de sa formule dans les expériences faites anciennement par M. Gay-Lussac sur le froid produit par l'évaporation de l'eau à la surface de la boule d'un thermomètre placé dans un courant d'air sec (*Annales de Chimie et de Physique*, 2ᵉ série, tome XXI, page 82).

Pour obtenir la formule qui s'applique à ce dernier cas, il faut supposer $x = 0$ dans l'équation (1); celle-ci devient alors

(3)
$$\gamma(h - f')(t - t') = f' \lambda \delta.$$

Si l'on substitue à la place de f' la fonction $\varphi(t')$ qui exprime la force élastique de la vapeur d'eau à saturation par rapport à la température, on aura une équation en t' qui, résolue par rapport à cette quantité, donnera la température à laquelle descendra un thermomètre dont la boule est constamment mouillée, quand ce thermomètre est placé dans un courant d'air sec d'une température t. Mais la fonction $\varphi(t')$ est trop compliquée pour que l'on puisse résoudre l'équation en t'; il faut faire l'inverse, supposer successivement

$$t' = 0 = 1 = 2 \ldots,$$

et résoudre l'équation par rapport à t. On obtient ainsi les températures t et t' de deux thermomètres, le premier sec, le second mouillé, placés dans un même courant d'air sec.

Les nombres intermédiaires pourront se calculer par une simple interpolation proportionnelle. L'équation (3), résolue par rapport à t, donne

$$t = t' + \frac{f'\lambda\delta}{\gamma(h-f')} = t' + \frac{\lambda}{0,429}\cdot\frac{f'}{h-f'},$$

ou

$$t = t' + \frac{(610-t')f'}{0,429(h-f')}.$$

Le tableau suivant renferme quelques valeurs de t calculées de cette manière, en supposant $h = 760$ millimètres :

t'.	t.	$t-t'$.
$\overset{\circ}{}$	$\overset{\circ}{}$	$\overset{\circ}{}$
— 5	0,68	5,68
— 4	2,18	6,18
— 3	3,70	6,70
— 2	5,35	7,35
— 1	6,95	7,95
0	8,65	3,65
+ 1	10,28	9,28
2	11,95	9,95
3	13,67	10,67
4	15,42	11,42
5	17,22	12,22
6	19,08	13,08
7	20,99	13,99
8	22,96	14,96
9	24,97	15,97
10	27,05	17,05
11	29,21	18,21

Les nombres que l'on trouve dans cette Table ne s'éloignent pas beaucoup des résultats observés par M. Gay-Lussac dans des expériences directes.

La formule (3) ne tient aucun compte de la vitesse du courant d'air ; d'après cette formule, la différence de température devrait être la même, quelle que soit cette vitesse. Ce résultat paraît impossible à priori. J'ai cherché à déterminer, par des expériences directes, l'influence de cette vitesse et à reconnaître si, à partir d'une certaine valeur de la vitesse, les différences de température des thermomètres sec et mouillé deviendraient indépendantes de la vitesse absolue du courant d'air, conséquence à laquelle on se trouve naturellement conduit par le raisonnement que M. August applique au calcul de la formule du psychromètre.

A cet effet, j'ai disposé l'appareil suivant :

Un thermomètre sec a et un thermomètre à boule mouillée b, *fig.* 11, sont placés dans deux boites cylindriques en laiton très-mince A et B. La boule du thermomètre b est recouverte d'une batiste qui est continuellement humectéepar une mèche de coton qui plonge dans le petit ballon c renfermant de l'eau et dont le col est mastiqué hermétiquement dans la tubulure inférieure de la boîte B.

Un tube en laiton recourbé plusieurs fois EFG est mis en communication avec un grand tube plein de ponce sulfurique qui doit dessécher complétement l'air, et le tube D est mis en communication avec un aspirateur de grande capacité. Les expériences ont été faites dans le laboratoire de M. Reiset, avec deux aspirateurs ayant chacun 600 litres de capacité et qui sont disposés de façon à ce qu'ils puissent aspirer isolément ou tous les deux à la fois dans le même espace.

L'appareil est placé dans une grande cloche en verre remplie d'eau à la température ambiante, et que l'on agite continuellement. L'air sec, avant d'arriver au thermomètre a, a traversé un très-long tube métallique GFE plongé dans l'eau du vase et a pris la température de cette eau ; celle-ci est d'ailleurs très-voisine de la température ambiante.

On ouvrait d'une certaine quantité le robinet d'un des aspirateurs, le thermomètre mouillé baissait aussitôt; au bout de quelque temps, il devenait stationnaire : on notait alors les températures indiquées par les deux thermomètres. Pour obtenir la vitesse du courant d'air, on recevait l'eau qui s'écoulait de l'aspirateur dans un ballon en verre portant un trait de repère sur le col et qui jaugeait 5 litres. On comptait, sur une montre à seconde, le nombre de secondes que le vase mettait à se remplir; il était facile de déduire de cette observation le nombre de centimètres cubes écoulés en une minute.

On faisait une nouvelle détermination exactement de la même manière, en ouvrant davantage le robinet, et ainsi de suite. Pour obtenir un écoulement très-rapide, on faisait couler les deux aspirateurs à la fois.

Voici les résultats qui ont été obtenus :

t.	t'.	$t-t'$.	Liquide écoulé en t'.
°	°	°	c. c.
14,66	7,28	7,38	797
14,73	6,64	8,09	1097
14,93	5,39	9,54	1466
14,96	5,16	9,80	1845
14,96	4,67	10,29	3045
14,96	4,33	10,63	5067
21,48	10,78	10,70	815
21,50	10,05	11,45	1117
21,63	9,49	12,14	1523
21,70	9,18	12,52	1947
21,70	8,67	13,03	3019
21,70	8,56	13,14	3330

Pour comparer plus facilement ces nombres, nous les rapporterons à la même température t dans chacune des deux séries. Cette température sera 14°,96 pour la première série, et 21°,70 pour la seconde. A cet effet, nous ajouterons aux valeurs de t' des quantités égales à celles que nous aurons eu à ajouter aux valeurs de t pour établir l'égalité. Comme les quantités à ajouter sont très-petites, cette correction ne pourra pas occasionner d'erreurs sensibles. Nous obtiendrons ainsi :

t.	t'.	$t - t'$.	Liquide en 1'
°	°	°	c. c.
14,96	7,58	7,38	797
»	6,87	8,09	1096
»	5,42	9,54	1466
»	5,16	9,80	1845
»	4,67	10,29	3045
»	4,33	10,63	5067
21,70	11,00	10,70	815
»	10,25	11,45	1117
»	9,56	12,14	1523
»	9,18	12,52	1947
»	8,67	13,03	3019
»	8,56	13,14	3330

On voit que, pour une même température t, les températures t' dépendent beaucoup de la vitesse du courant d'air. Si l'on calcule avec la formule (3) les températures t' qui correspondent aux températures t, on trouve :

$$\text{pour} \quad t = 14°,96 \quad t' = 3°,73 \quad t - t' = 11°,23$$
$$\text{»} \quad t = 21°,70 \quad t' = 7°,36 \quad t - t' = 14°,34$$

Les valeurs de t', que nous trouvons ainsi, sont encore plus faibles que celles que nous avons trouvées dans nos expériences avec les écoulements les plus rapides.

On peut se faire une idée assez exacte de la marche de ces expériences en les représentant par une courbe graphique. On prend, sur la ligne des abscisses, des longueurs proportionnelles aux vitesses d'écoulement, et, sur les ordonnées correspondantes, des longueurs proportionnelles aux températures t' du thermomètre mouillé. Pour $v = 0$, nous aurons évidemment $t' = t$; c'est le point où la courbe coupe l'axe des t. Si l'on mène une parallèle à l'axe des v, à une distance égale à la valeur de t', déduite de notre formule, on doit avoir une asymptote à la courbe, si cette valeur de t correspond à une vitesse infinie du courant d'air; mais je me suis assuré qu'en établissant à travers l'appareil un courant d'air sec plus rapide que celui que nous avons obtenu dans les expériences précédentes, ce qui s'obtient facilement en

R.   6

faisant jouer une machine pneumatique, on voit la température t' du thermomètre mouillé descendre très-notablement au-dessous de celle que l'on déduit de la formule. J'ai obtenu, en effet, dans deux expériences :

$t.$	$t'.$	$t-t'.$	t' calculé par la formule.
18,91°	5,39°	13,52°	5,91°
22,95	7,35	15,60	8,00

Les expériences précédentes démontrent que c'est par une circonstance fortuite que les expériences de M. Gay-Lussac ont donné des nombres qui s'éloignent peu de ceux que l'on déduit de la formule ; car on aurait obtenu des nombres très-différents si l'on avait employé une autre vitesse du courant d'air. Les expériences de M. Gay-Lussac ne peuvent par conséquent pas être invoquées comme confirmant l'exactitude de la formule de M. August.

Si la vitesse du courant exerce une grande influence sur l'abaissement de la température du thermomètre mouillé quand l'air est complétement sec, il est évident que cette influence doit encore être très-sensible lorsque l'air renferme une certaine quantité d'humidité. Pour m'en assurer, j'ai fait l'expérience suivante : L'appareil décrit ci-dessus a été mis en communication par son tube E avec un aspirateur ; à l'extrémité G on a adapté un long tube de verre qui puisait l'air au dehors dans une cour, immédiatement à côté d'un psychromètre. On faisait couler l'aspirateur, et lorsque le thermomètre mouillé avait atteint son état stationnaire, on notait simultanément les deux thermomètres a et b de l'appareil, et les deux thermomètres du psychromètre extérieur. Comme c'est le même air qui agit sur les deux appareils psychrométriques, il est clair que la formule appliquée à leurs indications simultanées devrait conduire à la même quantité pondérale d'humidité.

Dans une seconde expérience, pour obtenir un courant d'air plus rapide, on aspirait avec deux aspirateurs à la fois ; enfin, dans une troisième expérience, on obtenait un courant très-rapide en aspirant l'air avec une machine pneumatique.

Voici quelques résultats qui ont été obtenus de cette manière :

	PSYCHROMÈTRE EXTÉRIEUR.				PSYCHROMÈTRE DANS L'APPAREIL.			
	t.	t'.	$t - t'$.	f.	t.	t'.	$t - t'$.	f.
	°	°	°	mm	°	°	°	mm
Aspiration par un aspirat.	16,40	12,27	4,13	8,40	14,69	11,17	3,52	7,98
— par deux aspir.	16,79	12,39	4,40	8,33	14,77	10,74	4,03	7,44
— par un aspirat.	18,15	13,34	4,81	8,69	14,80	11,17	3,63	7,92
Machine pneumatique...	13,15	10,82	2,33	8,41	14,58	10,52	4,06	7,29
Deux aspirateurs........	16,10	13,48	2,62	10,09	14,85	12,57	2,28	9,62

On voit dans ce tableau que, lorsque le courant d'air a été déterminé par l'écoulement des aspirateurs ou par la machine, la force élastique de la vapeur calculée avec la formule, d'après les observations faites sur les thermomètres placés dans l'appareil, a toujours été plus petite que celle que l'on déduit de l'observation du psychromètre placé au dehors; le contraire aurait certainement lieu si le courant d'air était très-peu rapide.

Il résulte, de tout ce qui vient d'être dit, que l'agitation de l'air doit exercer une influence très-sensible sur les indications du psychromètre; il est facile de s'en convaincre par une expérience directe. On fixe un psychromètre à la circonférence d'une roue horizontale à laquelle on peut imprimer un mouvement très-rapide. On reconnaît que, pendant le mouvement, le thermomètre sec monte d'une petite fraction de degré, mais le thermomètre mouillé descend constamment de plusieurs dixièmes de degré.

6.

Je ne pense pas que l'on puisse admettre comme base du calcul du psychromètre l'hypothèse fondamentale adoptée par M. August : à savoir, que tout l'air qui fournit de la chaleur au thermomètre mouillé descend jusqu'à la température t' indiquée par celui-ci, et se sature complétement d'humidité. Il me paraît probable que la portion de l'air qui se refroidit ne descend pas jusqu'à t', et qu'elle ne se sature pas d'humidité. Le rapport de la quantité de chaleur que l'air enlève à la boule par vaporisation de l'eau, à la quantité de chaleur qu'il perd en se refroidissant, est probablement d'autant plus grand que cet air est plus sec, parce que, dans cet état, il est beaucoup plus avide d'humidité que quand il approche de son état de saturation.

Enfin, la température de la boule mouillée est influencée encore autrement que par l'air immédiatement ambiant; elle est soumise au rayonnement de l'enceinte, dont l'influence sera variable suivant l'état d'agitation de l'air.

Il me paraît impossible de faire entrer toutes ces circonstances dans le calcul théorique de l'instrument, et je crois qu'il est plus sage de ne faire servir les considérations théoriques qu'à la recherche de la forme de la fonction, et à déterminer ensuite les constantes par des expériences faites dans des conditions déterminées. Cette manière d'opérer me paraît d'autant plus nécessaire, qu'il reste beaucoup d'incertitude sur plusieurs des éléments numériques qui entrent dans le calcul, notamment sur la chaleur spécifique de l'air, sur celle de la vapeur et sur la chaleur absorbée par l'eau lorsqu'elle se vaporise dans l'air. J'indiquerai à la fin de ce Mémoire des procédés qui permettront, je pense, de déterminer ces éléments avec précision par des expériences directes.

Ainsi nous poserons

$$(4) \qquad x = A f' - \frac{B(t - t')}{\lambda} . h,$$

et nous rechercherons si cette formule, appliquée au calcul

des indications d'un psychromètre placé dans des circonstances très-variées, peut donner dans tous ces cas la quantité réelle d'humidité, en déterminant convenablement les constantes A et B. Si la formule ainsi déterminée ne peut pas représenter dans tous les cas la quantité d'humidité qui existe dans l'air, on pourra supposer A et B des fonctions de t, ou de t', ou de $(t-t')$, que, pour plus de simplicité, on prendra de la forme $a + bt$ ou $\dfrac{1}{a + bt}$, etc.

J'ai commencé par chercher si la température du thermomètre mouillé ne dépendait pas de la forme ou de la grosseur de son réservoir et de la manière dont il est mouillé. J'ai reconnu que dans un air peu agité, dans l'amphithéâtre de physique du Collége de France, qui présente une capacité totale d'environ 600 mètres cubes, un thermomètre à réservoir sphérique assez gros, de 17 millimètres de diamètre, montrait constamment une température supérieure de $0°,10$ à $0°,20$ à celle marquée par deux thermomètres à réservoir cylindrique très-long, qui étaient placés immédiatement à côté. En plein air, la différence se maintenait dans le même sens, mais elle devenait plus faible. Le réservoir sphérique du thermomètre que j'ai employé pour cette expérience est beaucoup plus gros que ne le sont ordinairement les réservoirs des thermomètres que l'on emploie dans le psychromètre; mais je l'ai choisi ainsi à dessein, afin d'augmenter la différence, s'il en existait une. Je crois que l'on peut conclure de là que la forme du réservoir n'exerce qu'une influence très-faible sur la température stationnaire à laquelle parvient le thermomètre mouillé. Je donne cependant la préférence aux thermomètres à réservoir cylindrique, parce qu'ils sont beaucoup plus sensibles aux variations de température qui surviennent dans l'air, et que, pour la même masse de mercure, ils présentent à l'air une surface beaucoup plus grande.

J'ai reconnu que la manière de mouiller le thermomètre

n'exerce pas non plus d'influence sensible, pourvu que la quantité d'eau qui arrive sur la batiste qui enveloppe la boule soit suffisante. Lorsque cette quantité est plus grande que celle qui s'évapore, et, par conséquent, qu'une goutte d'eau tombe de temps en temps à l'extrémité du réservoir, je n'ai encore observé aucune différence sensible. Il est évident, d'ailleurs, que la quantité d'eau qui arrive en excès doit toujours être très-petite, sans quoi elle n'aurait pas le temps de se refroidir par la vaporisation. Le trajet plus ou moins long que cette eau parcourt sur la mèche de coton depuis le réservoir jusqu'à la boule du thermomètre, ne m'a pas paru non plus exercer d'influence sensible, au moins dans les limites que l'on ne dépasse pas dans la construction ordinaire du psychromètre.

Après ces expériences préliminaires, qui m'ont paru nécessaires pour fixer la disposition du psychromètre, j'ai observé les indications de cet appareil dans des conditions très-différentes, et j'ai comparé les résultats donnés par la formule (B), appliquée à ces indications, aux quantités d'humidité déterminées directement par la méthode chimique. Le tableau n° I renferme une partie de ces observations.

Les appareils thermométriques employés dans la première série étaient un thermomètre A, à boule sèche, dont le réservoir a 8 millimètres de diamètre et 30 millimètres de long ;

Un thermomètre mouillé B, dont le réservoir a 5 millimètres de diamètre et 60 millimètres de longueur ;

Un thermomètre mouillé C ; diamètre du réservoir, 7 millimètres ; longueur, 45 millimètres.

Dans la seconde série, le psychromètre était formé par deux petits thermomètres à réservoir sphérique de 10 millimètres de diamètre.

Ces thermomètres sont établis à l'extrémité d'une planche de 2 mètres de longueur, les réservoirs se trouvent à 4 décimètres au-dessus de la planche ; l'autre extrémité de la planche est fixée au balcon d'une fenêtre exposée au nord et située au premier étage. Ces thermomètres se trouvent dans l'air d'une grande cour (la grande cour carrée du Collége de France), à une distance de 7 mètres au-dessus du sol; on observe ces thermomètres avec une lunette. Au moyen d'un aspirateur et d'un long tube en verre, on vient puiser l'air à une petite distance des thermomètres, et l'on fait passer cet air à travers des tubes desséchants tarés. Pendant l'écoulement de l'aspirateur, on inscrit régulièrement de cinq minutes en cinq minutes les indications des thermomètres. On prend les moyennes que l'on fait entrer dans la formule du psychromètre, pour calculer les quantités d'humidité et les comparer à celles qui ont été obtenues par pesée directe.

Pour juger plus facilement de la marche des expériences, j'ai adopté la formule

$$x = f' - \frac{0,429(t-t')}{610-t'} \cdot H.$$

Les valeurs $\frac{x}{f}$ de la fraction de saturation inscrite dans le tableau ont été calculées avec la valeur de x trouvée au moyen de cette formule.

TABLEAU N° 1. — *Expériences sur le psychromètre, faites dans la grande cour carrée du Collége de France.*

PREMIÈRE SÉRIE.

NUMÉRO de l'aspirateur.	THERM. sec A :	THERMOMÈTRES mouillés :		$t - t'$.	H_0.	POIDS de l'eau trouvé :	FRACTION de saturation	
	t.	t'.				p.	trouvée : $\frac{p}{P}$.	calculée $\frac{x}{f}$.
	o	o	o	o	mm	gr		
N° 1.	12,12	7,07	7,10	5,04	764,38	0,270	0,396	0,424
"	12,54	7,61	7,63	4,92	764,35	0,3035	0,466	0,474
"	14,07	7,56	7,60	6,49	764,43	0,2595	0,362	0,356
"	15,24	9,52	9,53	5,72	762,42	0,324	0,420	0,417
"	16,68	10,06	10,06	6,62	760,42	0,319	0,377	0,396
"	17,88	8,27	8,30	9,60	754,89	0,1755	0,193	0,197
"	13,18	8,87	8,97	4,26	756,43	0,340	0,506	0,551
"	18,08	11,66	11,68	6,41	754,72	0,399	0,438	0,438
"	18,47	10,60	10,68	7,83	754,36	0,3245	0,344	0,337
"	18,06	"	12,51	5,55	751,10	0,436	0,496	0,507
"	13,12	9,39	9,46	3,69	749,38	0,398	0,597	0,609
"	9,39	5,62	5,68	3,74	737,09	0,287	0,545	0,554
"	7,16	5,29	5,31	1,86	748,71	0,332	0,731	0,750

DEUXIÈME SÉRIE. — *Petit psychromètre.*

NUMÉRO de l'aspirateur.	THERM. sec A :	THERMOMÈTRES mouillés :		$t - t'$.	H_0.	POIDS de l'eau trouvé :	FRACTION de saturation	
	t.	t'.				p.	trouvée : $\frac{p}{P}$.	calculée $\frac{x}{f}$.
"	17,90	11,79	"	6,11	752,61	0,392	0,439	0,463
"	17,70	11,71	"	5,99	752,50	0,405	0,454	0,466
"	14,51	11,06	"	3,45	755,57	0,455	0,628	0,646
"	16,58	12,24	"	4,34	755,10	0,466	0,563	0,589
"	16,33	12,34	"	3,99	754,70	0,485	0,594	0,617
"	16,05	12,84	"	3,21	754,65	0,543	0,677	0,685
"	17,38	13,90	"	3,48	759,32	0,5815	0,665	0,672
"	14,51	11,48	"	3,03	758,53	0,481	0,663	0,688
"	14,31	11,42	"	2,89	758,42	0,488	0,680	0,699
"	12,96	10,73	"	2,23	758,39	0,485	0,738	0,755
"	11,58	8,64	"	2,94	761,51	0,392	0,651	0,665
"	14,15	9,00	"	5,15	759,39	0,341	0,479	0,480
"	9,31	6,48	"	2,83	754,83	0,336	0,646	0,649
"	9,72	6,40	"	3,32	754,91	0,317	0,593	0,602
"	11,73	6,72	"	5,01	754,33	0,280	0,458	0,454
"	7,64	5,23	"	2,41	754,08	0,311	0,664	0,683
"	11,41	6,55	"	4,86	752,52	0,257	0,430	0,460
"	8,18	6,18	"	2,00	747,74	0,341	0,702	0,742
"	8,85	6,85	"	2,00	747,83	0,370	0,729	0,748
"	9,68	7,23	"	2,45	748,03	0,355	0,664	0,702
"	18,02	13,96	"	4,06	751,34	0,557	0,624	0,629

Les fractions de saturation, calculées au moyen dela formule, s'accordent ici d'une manière très-satisfaisante avec celles que l'on a trouvées par les pesées directes. Mais l'accord a été beaucoup moins parfait dans les basses températures et dans de l'air très-humide, comme on peut en juger par le tableau suivant qui renferme des expériences qui ont été faites dans des circonstances toutes semblables, au mois de décembre 1842. Le psychromètre employé dans ces dernières expériences se composait de deux thermomètres à réservoir sphérique de 10 millimètres de diamètre. Le même appareil avait été employé dans la deuxième série du tableau précédent.

TABLEAU N° II.

THERMOMÈTRE sec :	THERMOMÈTRE mouillé :			POIDS de l'eau trouvé :	FRACTION de saturation	
					trouvée :	calculée :
$t.$	$t'.$	$t - t'.$	$h_0.$	$p.$	$\dfrac{p}{\mathrm{P}}.$	$\dfrac{x}{f}.$
7,26	6,51	0,75	772,52	0,391	0,8503	0,896
7,70	6,66	1,04	771,73	0,401	0,8406	0,859
7,10	6,95	0,15	771,87	0,441	0,9626	0,979
8,25	8,10	0,15	768,33	0,4835	0,9783	0,979
9,65	8,89	0,76	766,62	0,473	0,8734	0,904
9,84	8,92	0,92	764,69	0,473	0,8616	0,889
5,64	4,54	1,10	753,50	0,331	0,8035	0,841
6,87	4,67	2,20	753,75	0,278	0,6193	0,694
1,37	1,14	0,23	759,36	0,266	0,9877	0,959
5,65	4,46	1,19	758,67	0,314	0,7576	0,828
0,85	0,29	0,56	755,33	0,2435	0,8183	0,900
7,52	6,22	1,30	748,14	0,361	0,7659	0,826
8,33	6,76	1,57	748,14	0,372	0,7436	0,797
5,80	5,41	0,39	768,22	0,3525	0,8314	0,943
8,56	7,73	0,83	770,13	0,4345	0,8533	0,891

Les fractions de saturation calculées sont toutes, excepté une seule, plus fortes que celles qui ont été données par les expériences directes, et souvent d'une manière très-notable, de $\frac{1}{10}$; il est vrai de dire que dans les basses températures, et pour de grands degrés d'humidité, les indications du psychromètre offrent peu de précision à cause de la faible différence des températures marquées par les thermomètres sec et mouillé.

Deux autres séries d'expériences ont été faites dans des espaces fermés; elles ont eu pour objet de démontrer que la même formule ne peut pas être appliquée dans ce cas. Les expériences du tableau n° III ont été faites dans une chambre de 100 mètres cubes de capacité, dans laquelle ne pénétrait pas l'expérimentateur qui observait les thermomètres d'une chambre voisine avec une lunette. Les expériences du tableau n° IV ont été faites dans l'amphithéâtre de physique du Collége de France.

Tableau N° III. — *Expériences faites dans une chambre fermée du Collége de France.*

$t.$	$t'.$	$t - t'.$	$h_0.$	$p.$	$\frac{p}{\mathrm{P}}.$	$\frac{x}{f}.$
$21,44$	$17,44$	$4,00$	$760,13$	$0,605$	$0,5649$	$0,6644$
$21,65$	$17,73$	$3,92$	$757,03$	$0,624$	$0,5743$	$0,6745$
$22,06$	$18,08$	$3,98$	$756,75$	$0,644$	$0,5775$	$0,6716$
$22,47$	$18,41$	$4,06$	$756,27$	$0,659$	$0,5769$	$0,6689$
$22,39$	$18,48$	$3,91$	$758,50$	$0,661$	$0,5816$	$0,6831$
$23,52$	$19,32$	$4,20$	$758,49$	$0,686$	$0,5652$	$0,6663$
$23,38$	$18,02$	$5,36$	$758,61$	$0,594$	$0,4930$	$0,5814$
$23,73$	$18,41$	$5,29$	$757,40$	$0,598$	$0,4889$	$0,5902$
$25,75$	$19,81$	$5,94$	$755,33$	$0,652$	$0,4731$	$0,5656$
$23,44$	$18,97$	$4,47$	$758,28$	$0,669$	$0,5530$	$0,6457$

Tableau N° IV. — *Expériences faites dans l'amphithéâtre de physique.*

NUMÉRO de l'aspira-teur.	THERMO-MÈTRE sec A : $t.$	THERMOMÈTRES mouillés : $t'.$		$t - t'.$	$h_0.$	POIDS de l'eau trouvé : $p.$	FRACTION de saturation	
							trouvée : $\dfrac{p}{P}.$	calculée : $\dfrac{x}{f}.$
	$8,06$	$6,67$	$6,69$	$1,38$	$757,39$	$0,3585$	$0,7525$	$0,8187$
"	$8,29$	$6,52$	$6,55$	$1,75$	$762,92$	$0,344$	$0,7107$	$0,7709$
"	$9,15$	$7,23$	$7,23$	$1,92$	$764,98$	$0,345$	$0,6738$	$0,7582$
2	$15,71$	$12,14$	$12,20$	$3,54$	$751,59$	$0,460$	$0,597$	$0,652$
"	$16,19$	$12,49$	$12,55$	$3,67$	$752,35$	$0,461$	$0,581$	$0,645$
"	$16,32$	$12,65$	$12,71$	$3,64$	$751,36$	$0,463$	$0,580$	$0,649$
"	$14,78$	$12,01$	$11,98$	$2,78$	$752,97$	$0,474$	$0,653$	$0,715$
"	$15,25$	$12,34$	$12,34$	$2,91$	$735,43$	$0,479$	$0,640$	$0,706$

Les fractions de saturation, calculées avec la formule, sont ici beaucoup plus fortes que celles que l'on déduit des pesées directes de l'eau renfermée dans l'air; en d'autres termes, la température t', marquée par le thermomètre mouillé, n'est pas assez abaissée par la vaporisation de l'eau qui se fait à sa surface pour donner dans la formule la véritable force élastique x de la vapeur. Cette circonstance tient évidemment à ce que l'air se trouve beaucoup moins agité qu'à l'extérieur.

Les expériences inscrites dans le tableau suivant, n° V, comparées à celles du tableau n° IV, le prouvent d'une manière tout à fait évidente. Le psychromètre étant placé dans l'amphithéâtre de physique, exactement comme dans les expériences du tableau n° IV, on a ouvert deux grandes fenêtres des deux côtés opposés. Les thermomètres étant placés entre les deux fenêtres, se sont trouvés exposés à un courant d'air assez fort. Les indications de l'appareil se sont immédiatement rapprochées de celles qu'il aurait données à l'air libre.

TABLEAU N° V. — *Expériences dans l'amphithédtre de physique,
les deux fenétres opposées ouvertes.*

ASPIRATEUR	t.	t'.		$t - t'$.	h_0.	p.	$\frac{p}{\mathrm{P}}$.	$\frac{x}{f}$.
N° 2.	17,49	11,54	11,60	5,92	750,97	0,382	0,444	0,469
"	17,21	11,50	11,62	5,65	753,06	0,394	0,468	0,486
"	17,45	11,60	11,71	5,80	752,56	0,389	0,454	0,478
"	13,01	10,05	10,11	2,93	755,73	0,431	0,665	0,683
"	14,05	10,72	10,80	3,29	755,68	0,440	0,636	0,658
"	16,19	11,88	11,95	4,28	755,11	0,450	0,570	0,589
"	16,20	12,25	12,33	3,91	754,70	0,474	0,598	0,623

Ces expériences démontrent de la manière la plus évidente que la formule ne peut pas rester la même pour les divers états d'agitation de l'air.

Il était important de reconnaître dans quelles limites une agitation moyenne de l'air pouvait influer sur la formule du psychromètre. On pourrait croire qu'il doit être facile de résoudre la question en faisant des observations dans une localité très-découverte, sur deux psychromètres, l'un exposé au vent et l'autre abrité; mais on ne peut pas admettre dans ce cas que les deux instruments sont plongés dans le même air, et la présence de l'écran influe beaucoup sur le psychromètre abrité, parce qu'il apporte un changement considérable dans la nature de l'enceinte; d'ailleurs la vitesse du vent est tellement variable d'un instant à l'autre, qu'on ne sait à quel moment noter les indications des thermomètres.

Je crois avoir obtenu des conditions plus favorables dans l'expérience suivante :

Le petit psychromètre étant placé dans les mêmes circonstances que dans les expériences du tableau n° V, j'ai disposé le grand psychromètre à une distance de $0^{\mathrm{m}},3$ du premier au-devant de l'ouverture d'un tuyau en tôle, de 0^m,25 de diamètre, qui se trouvait concentrique avec l'axe d'un ventilateur aspirant, à aubes courbes, de M. Combes. Les psychromètres se trouvaient ainsi disposés dans une grande cour, à 2 mètres des murs du bâtiment et à 7 mètres au-dessus du sol, et à une distance de 3 $\frac{1}{2}$ mètres de la roue du ventilateur.

En faisant tourner le ventilateur, l'air aspiré entrait dans le tuyau et sortait tangentiellement à la circonférence. La vitesse du courant d'air à l'orifice du tuyau était estimée d'après le nombre de tours que faisait par minute la manivelle de la roue qui mettait en mouvement le ventilateur. On avait déterminé par des expériences préliminaires la relation qui lie la vitesse du courant d'air avec le nombre de tours de la manivelle. A cet effet, on avait placé à l'orifice du tuyau, dans la position que devaient occuper les thermomètres du psychromètre, un petit anémomètre de M. Combes, construit par M. Neumann, et dont la formule avait été déterminée avec beaucoup de soin par cet habile artiste. On a déterminé le nombre de tours faits pendant 1 minute par l'axe des ailettes de l'anémomètre, lorsque la manivelle faisait, d'une manière sensiblement uniforme, 10, 20, 30, etc., tours par minute. On a construit sur ces observations une courbe au moyen de laquelle on a obtenu facilement les vitesses v du courant d'air, inscrites dans la dernière colonne du tableau. Ces vitesses représentent le nombre de mètres parcouru par le courant d'air en 1 seconde.

Ainsi, dans cette expérience, les deux psychromètres se trouvent dans le même air, mais l'air qui enveloppe le psychromètre B est soumis au courant déterminé par le ventilateur. Les résultats de cette expérience sont renfermés dans le tableau suivant.

NUMÉROS des expériences.	PSYCHROMÈTRE A DANS L'AIR EN REPOS					PSYCHROMÈTRE B DANS L'AIR EN MOUVEMENT					
	sec.	humide.	$t - t'$.	f.	$\dfrac{f}{F}$.	sec.	humide.	$t - t'$.	f.	$\dfrac{f}{F}$.	v.
1.	19,17	14,27	4,90	9,440	0,571	19,78	14,61	5,17	9,563	0,557	"
2.	19,09	14,34	4,75	9,577	0,583	18,88	14,21	4,67	9,519	0,586	3,25
3.	18,74	14,13	4,66	9,462	0,587	18,57	13,99	4,58	9,389	0,589	2,67
4.	18,87	14,06	4,86	9,296	0,573	19,67	14,69	4,98	9,729	0,571	"
5.	19,04	14,13	4,96	9,298	0,567	13,84	13,97	4,87	9,220	0,569	5,07
6.	18,82	14,01	4,85	9,271	0,573	18,67	13,88	4,79	9,199	0,571	5,07
7.	19,06	13,89	5,22	8,971	0,517	19,61	14,34	5,27	9,294	0,548	"
8.	19,47	14,17	5,35	9,116	0,541	19,23	13,84	5,39	8,839	0,533	5,23
9.	19,25	13,91	5,39	8,893	0,535	19,66	13,76	5,30	8,831	0,538	5,78
10.	19,36	14,25	5,16	9,284	0,555	19,15	13,94	5,21	9,033	0,548	8,55
11.	19,41	14,04	5,42	8,975	0,531	19,88	14,37	5,51	9,187	0,532	"
12.	19,50	13,84	5,71	8,665	0,514	19,25	13,42	5,83	8,286	0,498	8,20
13.	19,52	13,72	5,85	8,500	0,503	19,27	13,43	5,84	8,288	0,498	8,20

On voit, dans ce tableau, que dans les expériences 1, 4, 7 et 11, pendant lesquelles le ventilateur ne fonctionnait pas, les deux thermomètres du psychromètre B ont marqué des températures notablement plus élevées que les deux thermomètres du psychromètre A. C'est le contraire qui a lieu aussitôt que le courant d'air prend une vitesse plus grande que 2 mètres par seconde. Cette circonstance tient à ce que la présence du tuyau gène beaucoup le mouvement de l'air autour du psychromètre B, et à ce qu'elle change notablement une grande partie de l'enceinte rayonnante qui exerce son influence sur ce psychromètre.

Si la vitesse du courant d'air n'avait aucune influence sur la formule du psychromètre, les valeurs de f seraient les mêmes pour les deux instruments. Or, on remarque dans le tableau que dans les expériences 1, 4, 7 et 11, qui répondent à un repos du ventilateur, les forces élastiques de la vapeur, calculées d'après le psychromètre B, sont plus fortes de quelques dixièmes de millimètre que celles déduites du psychromètre A ; mais que dans toutes les autres observations pendant lesquelles le ventilateur a fonctionné, les forces élastiques données par le psychromètre B sont, au contraire, un peu plus faibles que celles fournies par le psychromètre A ; mais les différences entre ces tensions calculées ne dépassent pas $0^{\mathrm{mm}},3$, c'est-à-dire environ $\frac{1}{40}$ de la valeur totale pour des vitesses du courant d'air de 8 mètres par seconde. Les fractions de saturation inscrites dans les colonnes $\frac{f}{F}$ présentent des différences encore plus faibles.

On peut conclure de ces expériences que l'agitation de l'air influe certainement sur la formule du psychromètre, mais que *lorsque l'instrument est exposé à l'air libre, la même formule peut être adoptée, tant que la vitesse du vent ne dépasse pas 5 ou 6 mètres par seconde.*

Lorsqu'on suit les indications d'un psychromètre exposé

dans un lieu découvert et par un vent un peu fort, on observe des variations beaucoup plus grandes que celles que nous avons constatées dans les expériences précédentes. Ces variations ne sont plus produites seulement par l'agitation de l'air, il faut les attribuer à ce que le vent amène successivement en présence du psychromètre des masses d'air qui renferment des quantités d'humidité souvent très-différentes. Cette circonstance est facile à constater quand on fait les mêmes observations avec l'hygromètre condenseur, page 74.

J'ai cherché à reconnaître si une même formule pouvait être adoptée dans des expériences faites *à l'air libre*, mais sous des pressions très-différentes de l'atmosphère. Il fallait pour cela exécuter dans des localités très-élevées les mêmes expériences que j'avais faites à Paris ; ne pouvant pas me livrer moi-même à ces expériences, j'ai prié M. Marié, un de mes élèves, de les exécuter.

Ce jeune physicien a fait deux séries d'expériences, l'une à Saint-Étienne pendant les mois de mai et juin 1843, sous une pression moyenne du baromètre de 705 millimètres ; l'autre, sur le mont Pila, sous une pression de 655 millimètres.

Les expériences de M. Marié ont été faites par les mêmes méthodes que les miennes, mais elles présentent des irrégularités beaucoup plus grandes. Ces expériences ont eu lieu dans des circonstances peu favorables, les thermomètres ont varié souvent de plusieurs degrés pendant la durée d'une même expérience : il devient alors très-difficile d'évaluer par le calcul la quantité moyenne d'humidité, à moins que les observations des thermomètres ne soient faites à des intervalles de temps très-rapprochés, ce qui malheureusement n'a pas eu lieu dans les expériences de M. Marié.

Enfin M. Izarn a bien voulu, de son côté, faire quelques expériences dans les Pyrénées, pendant le mois de juillet 1844. Ces dernières expériences ont été faites en observant, d'un côté, les indications du psychromètre qui a servi aux observations des tableaux n° I, deuxième série, et n° III, et en déterminant, de l'autre côté, le point de saturation de l'air au moyen de mon hygromètre condenseur.

PSYCHROMÈTRE			CONDENSEUR		FRACTION DE SATURATION.	
t.	t'.	$t - t'$.	θ.	H_0.	Condenseur.	Psychromètr.
20,12	17,37	2,75	15,39	700 mm	0,7437	0,7632
20,68	16,77	3,91	15,34	"	0,7157	0,6746
20,56	16,91	3,65	14,99	"	0,7047	0,6937
20,92	18,45	2,47	16,62	"	0,7651	0,7903
20,55	18,29	2,26	16,70	"	0,7864	0,8055
20,32	18,22	2,10	16,63	"	0,7942	0,8177
13,50	11,53	1,97	9,22	"	0,7542	0,7937
13,60	11,56	2,04	9,32	"	0,7548	0,7871
13,44	11,51	1,93	9,37	"	0,7652	0,7975
14,13	11,97	2,16	9,43	"	0,7350	0,7786

Les expériences de M. Izarn donnent pour $\frac{x}{f}$ des valeurs un peu plus grandes que celles que l'on déduit de l'observation de la température du point de rosée sur le condenseur.

Les expériences de M. Marié donnent, en général, le même résultat.

Mais les différences ne sont pas plus grandes que celles que nous avons trouvées entre les résultats de la pesée directe et ceux déduits de la formule du psychromètre, dans les expériences faites à Paris : ce qui semblerait indiquer que la même formule peut être employée aux différentes hauteurs dans l'atmosphère. Cependant je ne regarde pas les expériences précédentes comme suffisamment concluantes pour décider la question. Il conviendra de faire des expériences plus nombreuses et dans des conditions très-favo-

R.

rables, en comparant les indications moyennes du psychromètre avec les résultats donnés par la méthode chimique, ou
en observant comparativement, de 5 minutes en 5 minutes,
pendant plusieurs heures, le pyschromètre et mon hygromètre condenseur, et comparant les résultats moyens
donnés par les deux instruments; mais il convient de ne
rien conclure de quelques observations isolées, surtout si
l'air est très-agité, parce que, les deux instruments ne jouis-
sant pas de la même sensibilité, il est difficile de décider si
leurs indications simultanées correspondent à un même
état de l'air.

M. Izarn se propose de faire, dans les Pyrénées, de nouvelles recherches sur ce sujet pendant l'été de 1845.

L'ensemble de ces déterminations fait voir qu'en adoptant, pour les observations faites à l'air libre, la formule
numérique

$$x = f' - \frac{0,429\,(t - t')}{610 - t'}\cdot h,$$

on obtient des forces élastiques x un peu trop fortes ; il suf-
firait, par conséquent, pour approcher davantage des valeurs réelles, de remplacer le coefficient 0,429 par un coefficient un peu plus grand. Le coefficient 0,480 amène une
coïncidence presque complète entre les résultats calculés et
les résultats trouvés par l'observation directe, dans les fractions de saturation qui dépassent 0,40 ; mais il produit une
différence plus grande que le coefficient 0,429, et en sens
inverse pour des fractions de saturation plus faibles. Il semble résulter de là que le coefficient B de la formule (4) dépend
de $(t - t')$; ce qui tient évidemment à ce que l'air enlève
proportionnellement plus de vapeur quand il est très-sec
que lorsqu'il s'approche de la saturation.

Pour représenter les déterminations faites dans des espaces
clos, comme celles des tableaux n°s III et IV, il faudrait adop-
ter un coefficient beaucoup plus élevé.

Si la température du thermomètre mouillé descend au-dessous de zéro, l'eau qui enveloppe la boule se gèle, de sorte que c'est de la glace qui s'évapore; la valeur de λ doit alors être remplacée par $610 + 79 = 689$. Il conviendra de chercher, par des expériences directes, jusqu'à quel point la formule ainsi modifiée fera concorder les indications du psychromètre dans ces basses températures avec les résultats obtenus simultanément par la méthode chimique; car l'état solide de l'eau peut influer sur sa vitesse d'évaporation, et par conséquent changer les conditions d'équilibre entre les causes de réchauffement et les causes de refroidissement. Au reste, le psychromètre donnera toujours des résultats peu certains dans les basses températures, à cause des différences très-petites que présentent alors les températures des deux thermomètres.

Je ne chercherai pas, dans ce moment, à établir sur des considérations théoriques une nouvelle formule du psychromètre. Pour y parvenir avec quelque certitude, il faudrait connaître plusieurs éléments qui nous manquent encore complétement. J'ai cherché à déterminer par des expériences directes la valeur de λ, c'est-à-dire la chaleur latente que l'eau absorbe en se vaporisant dans de l'air ayant une température déterminée t; la valeur $610 - t$ que j'ai posée plus haut, a été admise par induction d'après des expériences nombreuses que j'ai faites sur la chaleur latente de la vapeur aqueuse sous différentes pressions, et que je publierai prochainement. Mais dans ces expériences je n'ai jamais opéré sous des pressions de la vapeur plus faibles que $\frac{1}{5}$ d'atmosphère, et celles-ci sont encore beaucoup plus faibles que les tensions que nous trouvons à la vapeur atmosphérique.

Pour obtenir les valeurs de λ et de γ dans les conditions où ces éléments doivent être employés dans la formule du psychromètre, j'ai imaginé une méthode d'expériences qui me paraît très-propre à les déterminer d'une manière directe. J'indiquerai ici sommairement cette méthode, bien que je n'aie pu faire jusqu'à présent que quelques essais préliminaires; mais diverses occupations ne me permettront peut-être pas de reprendre ces recherches d'ici à quelque temps.

Un tube de verre *abcd*, à parois très-minces et ayant la forme représentée par la *fig.* 12, est renfermé dans une enceinte métallique ABCD, dans laquelle on fait le vide avec la machine pneumatique. Le tube *ef* communique avec un tube barométrique qui sert à reconnaître si le vide se conserve dans l'enceinte ABCD.

Le tube *abc* renferme une quantité d'eau pesée; son orifice *cd* est fermé par un bouchon percé de trois trous : dans l'un de ces trous est engagé un petit thermomètre très-sensible, dont le réservoir cylindrique descend jusque vers le fond du tube ; le second trou est traversé par un tube de verre qui descend jusqu'au fond du tube *abcd* et qui, par son autre extrémité, est mis en communication avec un long tube à ponce sulfurique; enfin, dans la troisième ouverture du bouchon on a adapté un tube recourbé qui ne descend que de quelques millimètres dans la partie vide du tube *abcd*. Ce tube est mis en communication avec un aspirateur. Deux tubes en U, remplis de ponce sulfurique et pesés exactement, sont interposés entre le tube *abcd* et l'aspirateur.

L'enceinte ABCD est placée dans un grand vase rempli d'eau que l'on maintient à une température rigoureusement constante.

L'appareil étant disposé, on fait passer quelques bulles d'air à travers l'eau du tube *abc*, afin de mêler toutes les couches et de permettre l'observation exacte de la température initiale du thermomètre F.

On fait couler l'eau de l'aspirateur d'une manière uniforme; l'air extérieur pénètre dans le tube S, dans lequel il se dessèche complétement, traverse le tube métallique recourbé *mno*, où il prend la température de l'eau ambiante;

puis il passe bulle à bulle à travers l'eau du tube *abc*. L'eau enlevée à l'état de vapeur vient se déposer dans les tubes tarés et l'on peut déterminer très-rigoureusement son poids à la fin de l'expérience. La température t du thermomètre F baisse successivement sous l'influence du courant d'air, et l'on peut suivre, au moyen d'un chronomètre, la loi de ses variations.

Le refroidissement est produit :

1°. Par la vaporisation de l'eau dans l'air sec ;

2°. Par le changement qui survient dans la force élastique de l'air sec, qui, avant de traverser l'eau du tube *abc*, se trouve sous la pression H de l'atmosphère, et, après avoir traversé cette eau, se trouve sous une pression H′, peu différente de H et qui est mesurée par un manomètre communiquant avec l'aspirateur ; mais, de plus, l'air dans le tube *abcd* renferme une certaine quantité de vapeur dont je supposerai la force élastique f constante et égale à la valeur moyenne qui a lieu pendant la durée de l'expérience.

L'air qui pénètre sec sous une pression H est ainsi ramené dans l'appareil à une pression H′—f : ce qui donne lieu à un abaissement de température produit par la dilatation, et que l'on peut représenter par $\alpha \dfrac{\mathrm{H} - \mathrm{H}' + f}{\mathrm{H}}$, α étant une constante dont la valeur peut être déduite des expériences qui ont été faites pour déterminer la chaleur dégagée par la compression des gaz.

Mais le phénomène présente en même temps plusieurs causes de réchauffement qui s'opposent à l'abaissement de la température t :

1°. L'air sec arrive avec la température τ de l'eau ambiante et descend à la température t : il abandonne par conséquent une certaine quantité de chaleur ;

2°. Le tube *abcd* est placé dans une enceinte dont les parois sont à une température supérieure τ ; par conséquent la température t doit s'élever par cette circonstance. —

En résumé, soient :

τ la température de l'eau ambiante ;

t la température du thermomètre F au bout du temps T ;

ω le poids de l'air sec aspiré dans l'unité de temps ;

γ la chaleur spécifique de l'air sec ;

π le poids de la vapeur enlevée dans l'unité de temps et pour la température t ;

λ la chaleur latente de la vapeur d'eau que nous supposerons constante dans les petites variations de t ;

$k(\tau - t)$ le gain de chaleur, pendant l'unité de temps, produit par le rayonnement de l'enceinte ;

M la masse de l'eau qui se trouve dans le tube $abcd$ après le temps T : nous supposerons, pour plus de simplicité, que M renferme la valeur en eau de la partie mouillée du tube $abcd$ du thermomètre et du tube ;

H la pression barométrique extérieure ;

H' la pression barométrique dans l'aspirateur.

La quantité de chaleur perdue par l'eau pendant l'élément de temps dT qui suit le temps T est Mdt, en supposant la chaleur spécifique de l'eau constante et égale à l'unité.

La chaleur enlevée par la vaporisation de l'eau est

$$\lambda \pi \, d\mathrm{T}.$$

La chaleur absorbée par l'expansion de l'air sec est

$$\omega \, d\mathrm{T} . \alpha \, \frac{\mathrm{H} - \mathrm{H}' + f}{\mathrm{H}}.$$

La chaleur abandonnée par l'air sec, en descendant de la température τ à la température t, est

$$\omega \, d\mathrm{T} . \gamma \, (\tau - t).$$

Enfin la chaleur qui pénètre dans le tube abc par le rayonnement de l'enceinte est

$$k \, d\mathrm{T} \, (\tau - t).$$

Nous avons donc l'équation

$$-\mathrm{M}\frac{dt}{d\mathrm{T}} = \lambda\pi + \omega\alpha\,\frac{\mathrm{H}-\mathrm{H}'+f}{\mathrm{H}} - \omega\gamma(\tau-t) - k(\tau-t).$$

Posons

$$\tau - t = \theta,$$

d'où

$$-dt = d\theta,$$

nous aurons

$$\mathrm{M}\frac{d\theta}{d\mathrm{T}} = \lambda\pi + \omega x\,\frac{\mathrm{H}-\mathrm{H}'+f}{\mathrm{H}} - (\omega\gamma + k)\theta.$$

Plusieurs des quantités qui entrent dans cette équation dépendent des variables T et θ.

La masse M de l'eau varie avec le temps, parce qu'il s'en évapore continuellement ; mais la quantité d'eau évaporée étant petite par rapport à la masse totale, on peut supposer, sans erreur sensible, que la valeur de M reste constante et qu'elle est égale à la moyenne entre sa valeur initiale et sa valeur finale.

Le poids π de l'eau vaporisée pendant l'unité de temps dépend essentiellement de la température t de l'eau, et par suite de θ ; on peut le représenter par $\partial\omega\,\dfrac{1}{1+\alpha t}\,\dfrac{f}{760}$, ∂ étant la densité de la vapeur d'eau par rapport à l'air, et f la force élastique de la vapeur enlevée. Si l'on pouvait admettre que cette force élastique est égale à la tension maximum qui correspond à la température t, en d'autres termes, si l'air sec, en traversant l'eau du tube abc, sortait *saturé* à la température t (circonstance qu'il sera nécessaire de décider par des expériences directes), nous pourrions poser

$$f = \mathrm{A} + \mathrm{B}\,6^{t},$$

ou

$$f = \mathrm{A} + \mathrm{B}\,6^{\tau}\,6^{-\theta},$$

les constantes A, B et f étant déterminées en appliquant la formule à trois valeurs de 6 prises dans les Tables et correspondant à des températures équidistantes et très-voisines des températures t qui ont lieu pendant les expériences.

Nous aurons ainsi (*) :

$$M\frac{d\theta}{dT} = \omega\delta\lambda(A + B\,e^t\,e^{-\theta}) + \omega\alpha\frac{H - H' + f}{H} - (\omega\gamma + k)\theta.$$

Cette expression ne peut pas être intégrée sous forme finie. Mais si θ est petit, en d'autres termes, si t ne varie que très-peu pendant l'expérience, on peut remplacer $e^{-\theta}$ par son développement en se bornant à la première puissance de θ.

En supposant même que l'air ne sorte pas du tube *abcd* avec la quantité de vapeur qui le sature à la température t, on peut toujours poser, si t varie peu,

$$\pi = C - D.\theta,$$

C et D étant des constantes que nous chercherons à déterminer plus tard. Nous aurons alors

$$(1) \qquad M\frac{d\theta}{dT} = C\lambda + \omega\alpha\frac{H - H' + f}{H} - \theta(D\lambda + \omega\gamma + k)$$

ou

$$\frac{-\,d\theta(D\lambda + \omega + k)}{C\lambda + \omega\alpha\dfrac{H - H' + f}{H} - \theta(D\lambda + \omega\gamma + k)} = -\frac{D\lambda + \omega\gamma + k}{M}\,dT;$$

d'où

$$-\frac{D\lambda + \omega\gamma + k}{M}T = \log\left[\begin{array}{l} C\lambda + \omega\alpha\dfrac{H - H' + f}{H} \\ -\;\theta\,(D\lambda + \omega\gamma + k) \end{array}\right] + \text{const.}$$

Pour T$=$o nous aurons

$$T = \theta_0;$$

par suite,

$$o = \log\left[C\lambda + \omega\alpha\frac{H - H' + f}{H} - \theta_0(D\lambda + \omega\gamma + k)\right] + \text{const.}$$

(*) Nous supposons que f ne varie pas dans le terme $\dfrac{H - H' + f}{H}$ et qu'il est égal à la valeur moyenne qui a lieu pendant l'expérience.

En substituant pour la constante, sa valeur déduite de cette expression, il vient

$$(2)\quad T = \frac{M}{D\lambda + \omega\gamma + k} \log \frac{C\lambda + \omega\alpha \dfrac{H - H' + f}{H} - \theta_0(D\lambda + \omega\gamma + k)}{C\lambda + \omega\alpha \dfrac{H - H' + f}{H} - \theta(D\lambda + \omega\gamma + k)}.$$

La constante k qui entre dans cette formule sera déterminée par des expériences directes sur la loi du réchauffement du thermomètre F, lorsque l'eau du vase *abcd* n'est pas traversée par un courant d'air, mais qu'elle se trouve continuellement agitée par un petit agitateur en clinquant que l'on fait mouvoir à travers l'une des ouvertures du bouchon.

En employant, pour ces expériences, un aspirateur à écoulement constant et d'une grande capacité, on pourra faire plusieurs déterminations consécutives sans arrêter le courant d'air. Il suffira pour cela de recueillir l'eau de l'aspirateur dans un vase jaugé et d'observer la variation de t pendant le temps que ce vase met à se remplir. Il sera facile d'ailleurs de recueillir la quantité d'eau vaporisée pendant la durée de chacune de ces expériences, en interposant entre l'aspirateur et le tube *abcd* deux systèmes A et B de tubes desséchants tarés, et des robinets convenablement disposés, de façon à ce que l'on puisse diriger à volonté le courant d'air à travers le système A ou à travers le système B.

En continuant l'expérience pendant un temps suffisamment long, il arrive nécessairement un moment où la température t deviendra sensiblement stationnaire ; il y aura alors équilibre entre les causes de réchauffement et les causes de refroidissement. L'équation (2) donnera ce cas en posant $\frac{d\theta}{dT} = 0$ ou $T = \infty$; on a alors, appelant Θ la valeur de θ qui correspond à ce cas,

$$C\lambda + \omega\alpha \frac{H - H' + f}{H} - \Theta(D\lambda + \omega\gamma + k) = 0 ;$$

d'où

$$(3) \qquad \Theta = \frac{C\lambda + \omega\alpha \dfrac{H - H' + f}{H}}{D\lambda + \omega\gamma + k}$$

ou

$$(4) \qquad \lambda = \frac{(\omega\gamma + k)\,\Theta - \omega\alpha \dfrac{H - H' + f}{H}}{C - D\Theta}.$$

Mais on a évidemment, dans ce cas, en désignant par P le poids de l'eau vaporisée pendant un certain temps au moment de l'état stationnaire,

$$P = (C - D\Theta)\,(T - T_0),$$

d'où

$$C - D\Theta = \frac{P}{T - T_0}:$$

par suite,

$$\lambda = \frac{(\omega\gamma + k)\,\Theta - \omega\alpha \dfrac{H - H' + f}{H}}{\dfrac{P}{T - T_0}}.$$

Ainsi, en faisant une détermination au moment de l'état stationnaire, on obtient immédiatement une valeur de λ en fonction de γ et des données du problème.

Dans le cas général, on aura pour déterminer les deux constantes C et D une première relation dans l'intégrale qui représente la quantité totale d'eau vaporisée pendant une expérience.

Soit, en effet, P le poids de l'eau condensée dans les tubes à ponce sulfurique, nous aurons

$$P = \int_{T_0}^{T} \pi\, dT = \int_{T_0}^{T} (C - D\Theta)\, dT,$$

que nous pouvons écrire de la manière suivante :

$$P = \int_{T_0}^{T} dT \left\{ C + \frac{D}{D\lambda\omega\gamma + k} \left[\begin{array}{c} C\lambda + \omega\alpha\dfrac{H - H' + f}{H} \\ -(D\lambda + \omega\gamma + k)\,\theta \end{array} \right] - \frac{D\left(C\lambda + \omega\alpha\dfrac{H - H' + f}{H} \right)}{D\lambda + \omega\gamma + k} \right\},$$

ou , en vertu de l'équation (1) ,

$$P = \int_{T_0}^{T} \left[C + \frac{DM}{D\lambda + \omega\gamma + k}\frac{d\theta}{dT} - \frac{D\left(C\lambda + \omega\alpha\dfrac{H - H' + f}{H} \right)}{D\lambda + \omega\gamma + k} \right] dT,$$

ou , en vertu de l'équation (3) ,

$$P = \int_{T_0}^{T} (C - D\Theta)\,dT + \int_{\theta_0}^{\theta} \frac{MD}{D\lambda + \omega\gamma + k}\,d\theta\ ;$$

par conséquent,

$$(5) \qquad P = (C - D\Theta)(T - T_0) + \frac{DM}{D\lambda + \omega\gamma + k}(\theta - \theta_0).$$

Ainsi, en faisant une série continue d'expériences au
moyen d'un aspirateur de très-grande capacité , depuis la
température $t = \tau$, jusqu'au moment où t deviendra stationnaire, on pourra former plusieurs équations analogues à
(2) et une équation finale (4). Ces équations pourront servir à déterminer λ et γ. Mais , pour faire cette détermination avec le plus de succès possible , il conviendra de choisir parmi ces équations celles dans lesquelles les quantités
λ et γ exercent les influences les plus différentes. Ainsi,
dans les premières déterminations, où t est peu différent de
τ, λ exerce sa plus grande influence dans l'équation des
quantités de chaleur et γ sa plus petite influence. Au contraire, dans l'équation (4) qui s'applique à l'état stationnaire , λ exerce sa plus petite influence et γ son influence la
plus grande.

En faisant plusieurs séries d'expériences à des températures τ de plus en plus élevées , on pourra s'assurer si λ

varie sensiblement avec la température entre les limites des températures atmosphériques.

La méthode que je viens de décrire sommairement permet de résoudre plusieurs questions, dont je me bornerai à indiquer les plus importantes.

1°. En plaçant dans le tube *abcd* de l'acide sulfurique concentré et faisant traverser cet acide, non plus par de l'air sec, mais par de l'air saturé d'humidité, la température du thermomètre s'élèvera, et l'on obtiendra des relations entre les quantités λ, γ, et la chaleur dégagée par la combinaison de l'acide sulfurique avec l'eau.

2°. En plaçant dans le tube *abcd* divers liquides volatils et en faisant traverser par un courant d'air sec d'une vitesse uniforme et déterminée, on obtiendra des relations desquelles il sera facile de déduire les chaleurs latentes de vaporisation de ces diverses substances.

3°. Enfin, en faisant passer à travers une même quantité d'eau ou d'un autre liquide renfermée dans le tube *abcd* des courants uniformes et constants des différents gaz insolubles ou peu solubles dans le liquide, on pourra comparer les chaleurs spécifiques de ces gaz. Il sera surtout facile de reconnaître, par l'observation des températures stationnaires auxquelles sera amené le thermomètre F (la température τ étant rigoureusement la même dans les deux expériences), si deux gaz ont des capacités calorifiques égales ou différentes.

(Extrait des *Annales de Chimie et de Physique*, 3ᵉ série, 1845.)

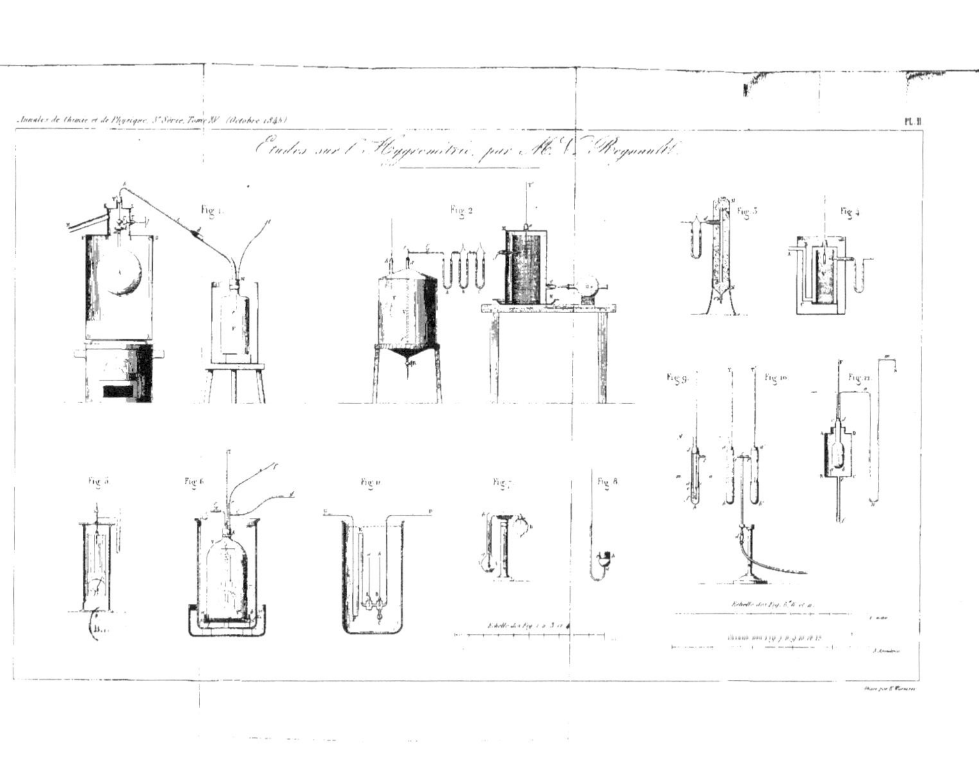

Annales de Chimie et de Physique, 3.e Série, Tome XV. (Octobre 1845)
Pl. II
Études sur l'Hygrométrie, par Mr. V. Regnault.
Fig. 1
Fig. 2
Fig. 3
Fig. 4
Fig. 5
Fig. 6
Fig. 7
Fig. 8
Fig. 9
Fig. 10
Fig. 11